U0160738

见识城邦

更新知识地图　拓展认知边界

Nicolaus Copernicus

Galileo Galilei

Academia del Cimento

Guillaume Le Gentil

Nevil Maskelyne

Frederick William Herschel

Urbain Jean Joseph Le Verrier

Giuseppe Piazzi

Heinrich Wilhelm Olbers

William Thomson

Jules Henri Poincaré

Percival Lawrence Lowell

Grove Karl Gilbert

Daniel Moreau Barringer

Heber Curtis

Harlow Shapley

Arthur Stanley Eddington

Большой Телескоп Альт-азимутальный

Ralph Asher Alpher

Robert Hermann

Fred Hoyle

Joseph Weber

Andrew Lyne

Alan Stern

星空的暗角

天文史上的伟大失败

高爽 著

中信出版集团 | 北京

图书在版编目（CIP）数据

星空的暗角：天文史上的伟大失败 / 高爽著 . --
北京：中信出版社，2023.10
ISBN 978-7-5217-5285-4

I. ①星… II. ①高… III. ①天文学史－世界 IV.
① P1-091

中国国家版本馆 CIP 数据核字（2023）第 150196 号

星空的暗角：天文史上的伟大失败
著者：　　高　爽
出版发行：中信出版集团股份有限公司
　　　　　（北京市朝阳区东三环北路 27 号嘉铭中心　邮编　100020）
承印者：　　北京通州皇家印刷厂

开本：880mm×1230mm　1/32　　印张：8　　字数：151 千字
版次：2023 年 10 月第 1 版　　印次：2023 年 10 月第 1 次印刷
书号：ISBN 978-7-5217-5285-4
定价：68.00 元

献给我的家人李淳和高若寻，他们忍受了我的很多碎碎念和坏脾气，但总是兴致勃勃地听我讲故事。

目　录

序

一曲献给失败的赞歌

大部分科普书，尤其是天文学科普书，为我们展现了人类探索宇宙所取得的辉煌成就。天文学家就像打怪升级的传奇英雄，金光闪闪，众星捧月。关于科学史的科普，展现的是历史上的成功。关于前沿科学的科普，展现的是当下的成功。而我，希望在这本书中选取一个似乎古怪的方向，聊聊天文学家的失败。

我这么做，是要破解我们对失败的三种偏见。

偏见一：失败很可怕

我们真的害怕失败。

人类会调动原始的恐惧、羞愧、厌恶和愤怒等负面情绪来对待失败。小到一次考试失利，大到国家级的重大项目失败，失败的阴云会遮盖在每一位参与者头上。

但失败不会因为我们厌恶它就自动消失。失败总要来临，害怕失败的我们往往假装看不见它的存在。我们刻意回避失败，就像《哈利·波特》中的巫师不敢谈论伏地魔一样惧怕谈论失败。我们隐匿失败，把失败编造和美化成另一副模样。邓布利多校长告诉哈利·波特，就叫他伏地魔吧，对一个名称的恐惧会强化对这个事物本身的恐惧。

偏见二：天道酬勤，坚持就是胜利

某科学家实验了几百次，终于发现了某某结果……我们听过不少类似的故事，我们为科学探索的过程打造了重复实验和勤奋献身的脸谱。但实际情况是，很多失败伴随终生，直到几代人之后，也没能破解失败的道理。

还有很多失败，并非从一开始就注定失败。失败往往出现在美好的成就之后。安全的小路到此为止，荒原在你面前展开。有太多伟大的天文学家在取得伟大的成就之后就开始犯错误，开始钻牛角尖，开始失败。他们的经验不可谓不丰富，他们掌握的资源不可谓不充分，他们对科学探索的热忱不可谓不强烈，他们完全始于理解宇宙真相的初心，坚持工作下去，但就是远离正确答案。

因此，坚持不一定换来成功，比油门更重要的是方向盘。

偏见三：失败是成功之母

我们也被这样鼓励过："失败了没关系，失败是成功之母。"的确，在成功到来之前，我们能见到的只有失败的样子。甚至很多时候，不经历失败之中足够多的苦难，也很难造就成功的果实。

但我绝对没有颂扬苦难的意思。失败和苦难本身不具备什么特殊的意义。简单地把失败的次数累积起来，也无法兑换成功。只有对失败的不甘心、反思、另辟蹊径才有意义。就像爱因斯坦所说的，产生问题的思维方式无法解决这个问题。我从天文学家失败的故事中学到的是，失败中隐藏着种子。西芒托学院没能测得光速，才让科学家对光的运行保持警惕。赫歇尔得出荒谬的银河系结构，才引发了人们对星际介质的探索。勒威耶找不到祝融星，才为广义相对论提供了最有力的证据。皮亚齐弄丢了谷神星，才催生了高斯的数学方法……种子在时间的浇灌下，生机勃勃地成长起来，这才有了意义。

失败不一定孕育成功，反思才是成功之母。

对失败的这些偏见一直影响着我们，影响着人类的科学。科学从未摆脱失败，与其说它积累了层层成功的脚印奋勇前进，不如说它伴随着次次失败蹒跚而来。厌恶失败当然正常，勤奋工作当然是美德，面对困难继续坚持当然也是盼望。但我们追求成功、勤奋投入以及坚持不懈，并非因为这么做可以让科学的某棵苹果树结出成功的果实，而是因为这么做更加高贵。

畑村洋太郎是日本东京大学教授，曾任事故调查验证委员会委员长，协助日本政府调查东京电力公司福岛第一核电站事故。他在著作《失败学》中畅想有一天要设立一座"失败博物馆"。他说："我期待着失败博物馆这类场所的设立，能够改变目前对失败消极的固有印象。"

言外之意，失败的迷雾之中隐藏着诗意和理性之光。

天文学是一门特殊的学科。天文学考虑的问题往往具有千百年的漫长时间跨度和数亿光年的巨大空间尺度。这样的时间跨度和空间尺度远远超越了每一个人类课题的生活尺度。吾生有涯而知无涯，怎么办呢？

自从伽利略用望远镜指向天空，天文学家就开始持续观测太阳。望远镜观测到的太阳上有大小不一的黑色斑点，即太阳黑子。太阳黑子的位置、尺寸大小和数量随时发生变化。几百年来，大量默默无闻的天文学家观测太阳，把太阳黑子的样貌描绘了出来。这样的工作需要每天进行，持续不断。几代天文学家将自己的生命奉献于日复一日地描绘太阳上面。天文学家施瓦布像几位前辈一样，每天观测并描绘太阳黑子，持续了 17 年。他把前人的工作资料与自己的资料整理出来，终于发现了太阳黑子的周期性规律。施瓦布固然是发现黑子规律的冲刺者，但他之前的观测者的工作同样不可取代。正是由于天文学的特殊性，天文学家之间形成了不成文的默契，那就是，对终身投入资料整理工作的前辈充满敬意。

所以，我用天文学家的故事讲述失败和犯错，并不是出于同情和怜悯，而是向这些前辈致敬。这本书中包含 21 个故事，涉及 30 多位天文学家，包括他们的工作和生活。这些人物的故事就像银河系中被尘埃和气体遮蔽的星光，是暗角，是肉眼不可见的空洞，也是孕育，是更广阔维度下的进步。

天文学家群体不算大，但考虑到时间的因素，历史上的天文学家的规模就不是一个小数目了。大部分天文学家在一生中都犯过大大小小的错误。要从中筛选出20多个值得一讲的故事不是轻松的工作。我尽量沿着时间的脉络，从科学革命的先驱哥白尼讲起，到保卫冥王星的斯特恩结束。这场梳理错误与失败的旅程从太阳系的行星运动开始，贯穿中世纪和近现代以来天文学不同领域的进步，以重新思考行星的定义结束。天文史上失败的历史似乎画了一个圈，从理解自身的定位出发，又回到了我们最熟悉的身边事物。当然，人类在这场旅程中的认知并非原地踏步，而是切实地前进了一大步。挂一漏万，我可能遗漏了更多有趣的天文学家失败的故事。这本书涉及的人物和事件与我个人的学术兴趣大有关系，没有写入本书的情节并非不重要。

　　我尝试着揭示失败背后的诗意和理性之光。我没有能力设立一座"失败博物馆"，但我愿意收集几块砖瓦，为将来做打算。当下，我邀请你在茶余饭后，听我唱一曲献给失败的赞歌。

1

从简单到复杂

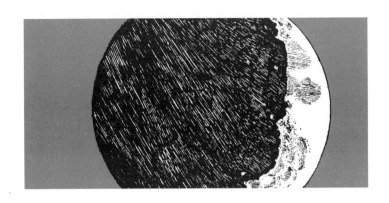

尼古拉·哥白尼
波兰天文学家、弗龙堡大教堂僧正

Nicolaus Copernicus
1473—1543

1543 年，英国王位继承人问题悬而未决，天主教派和路德教派还在相互攻击。5 月 24 日，波兰弗龙堡大教堂的老年僧正哥白尼去世了，享年 70 岁。据说哥白尼在弥留之际，终于收到了出版商从纽伦堡寄来的《天球运行论》的样书。看着自己的著作终于出版了，哥白尼在满足和遗憾交织的心情中离开了这个世界。[1]

与那些有关王位和战争的世界级大事件相比，哥白尼的离世宁静而苍白，没有达官显贵的告别，没有众人的吊唁，也没有隆重的葬礼。但从更长的历史坐标系来看，与哥白尼相比，其他重大的战争和冲突都显得微不足道了。

我们可以想象，令哥白尼满足的是，这本凝聚了他几十年辛劳与智慧的作品终于印刷出来，即将在欧洲乃至全世界的知识阶层中传播开来。但同时，令他遗憾的是，他还有太多的工作没有做完，他的目标没能完全实现。

哥白尼幼年丧父，在舅舅的照顾下成长。他的舅舅是一名主教，不仅在生活上照顾了哥白尼一家，还送哥白尼上学，帮助他接受良好的教育。哥白尼接受的教育让他成为一位忠诚的古希腊主义者。他痴迷于古希腊的辉煌文明，相信古希腊学者建立起来的世界秩序和宇宙规则，相信天界完美，圆周运动是最简单和最美的运行方式，整个宇宙和谐而永恒。

古希腊人想象的天球完美地旋转，让天上的众星各安其位，容易被预测和测量，只有那么几颗特立独行的行星破坏了整体规则。如果我们把东升西落的群星看作整体的大背景，那么，总有几颗行星会在背景上游移不定。它们有时候和恒星的运动方向一致，有时候却突然停下来，然后逆行，几天或者几十天后再恢复原来的方向。水星、金星、火星、木星和土星，都会发生逆行的现象。水星最频繁，在一年之内会逆行 3~4 次。

面对统一的规则和个别害群之马，怎么办呢？

对古希腊人来说，选择无非有两种。要么放弃传统的信仰，承认天界也像人间一样混乱，别管什么星，乱跑才是常态，要么坚持信仰不动摇，给行星的逆行找到新的解释，给整个体系打补丁。几乎所有人都在努力打补丁。为了解释行星逆行而打补丁的这项工作，被后世的历史学家称为"拯救现象"。这一时期，天文学家最重要的课题之一就是拯救现象。

托勒密在总结前人工作的基础上，提出了一整套详尽的思路。

首先，火星不是直接围绕地球转的。火星在一个小圆圈上匀速转动，这个小圆圈叫火星的本轮，本轮的中心在一个大圆上绕地球匀速转动，这个大圆圈叫火星的均轮。也就是说，原本简单的火星的圆周运动，现在变成了两个圆周运动的组合。所以从地球上看，火星走过的轨迹是一条缠绕着的麻花线，这就解释了火星的折返现象。送来样书的马车缓缓驶过弗龙堡大教堂门前的时候，马匹和整个车厢一致向前。但就在车轮接触地面的一刹那，车轮与地面接触的那一点正在朝后运动。运动的组合可以实现逆行的效果。

两个圆周运动的组合，计算起来已经足够复杂了，但这还不算，更复杂的还在后面。

如果用两个圆周运动的组合依然难以符合火星的实际运动数据，可以继续增加更多的圆周运动。也就是说，火星在自己的小本轮上转，小本轮的中心在一个中号本轮上转，中号本轮的中心在一个大号本轮上转，大号本轮的中心再沿着均轮围绕地球转。本轮和均轮的组合可以无限增加，一直嵌套下去，直到可以模拟出火星的观测数据。

我们今天在数学上可以理解，其实任何一种运动轨迹，都可以被分解成大量圆周运动的组合。只是解决火星折返的问题，圆周运动组合的方式绝对可以胜任。从理论上说，只要有足够多的圆周运动参与进来，让火星画出一只米老鼠也完全可以做到。因此，随着后代天文学家的观测越来越精细，火星的数据可能一直在更新，托勒密的模型也可以跟着一起升级，每次升级都靠增加和调整新的本轮。

还没完。

托勒密还做出了一个大胆的设定。地球不严格位于宇宙中心，而是和宇宙中心拉开了一小段距离。托勒密假想了一个根本不存在的天体，位于和地球对称的宇宙中心的另一侧，也就是地球的"对点"。所有行星都相对于对点做匀速运动，所以从地球上看，行星的运动速度并不均匀。

你看，托勒密的这一系列操作，完全是有目的性的功能主义和实用主义工程。他为了解决行星逆行的问题，把原本简单的圆周运动变成了如此复杂的大大小小的圆周嵌套和对点系统。这一套系统可以完美解释观测数据，但它太复杂了，计算起来极其困难。

托勒密系统的优点是，它自带升级接口。只要观测数据更新了，托勒密系统就可以根据最新的观测数据增加本轮的数量，重新贴合观测数据。这样一个系统，看起来似乎是永远不败的。它可以永远有效，永远升级，永远符合观测数据。

有效的方案活得久。从公元140年前后完成《天文学大成》，到公元15世纪末，托勒密的地心说成为天文学的主流思想，统治了欧洲上千年。

在这期间，曾有几位学者提出过不同的思想，但只有哥白尼的思想产生了重大影响。

哥白尼在舅舅的帮助下，先后在波兰和意大利的多所大学求学。作为古希腊文明的信徒，哥白尼面对一代一代传承下来的托勒密的均轮和本轮系统，感到很不舒服。这套系统太复杂了！这么多的圆嵌套在一起，早已背离了古希腊对简洁美的追求。宇宙会为我们呈现如此复杂和丑陋的规律吗？

托勒密的体系是一个完美而复杂的补丁，但哥白尼不满足于继承一个补丁，而是想创造出全新的宇宙体系，更简洁地解决拯救现象这一课题。

哥白尼的思想不难理解。火星看起来偶尔逆行，但有没有可能我们观测到的逆行只是视觉上的效果，真实的运动躲藏在表面之下？马车继续在大教堂外缓步前进，马车夫看到整个教堂和集市上的每一个人都在逆行，这只是因为……

哥白尼创造了完全不同于托勒密的体系。他让太阳和地球交换了位置，让太阳位于宇宙中心，固定不动，让地球像马车一样运动起来。我们坐在这辆虚空中的大球形马车上观测火星的顺行和逆行，这都是因为我们的地球自己也在动。

地球在动，或者说地球所在的这一层天球在围绕着太阳动。火星也在动，在更外层的天球上动。跑内圈的地球很容易超过跑外圈的火星。在地球看来，自己逐渐接近火星，然后再把火星甩到后面。火星顺行和逆行便交替出现，周而复始。利用五颗行星逆行出现的频繁程度，哥白尼计算出它们各自天球层的远近关系，画出一幅清晰而简单的宇宙规划图：在以太阳为中心的六个同心圆中，地球位列第三。

如果故事到此为止，哥白尼可以轻松地宣布自己的胜利。他让地球动了起来，解决了行星逆行的问题，简单的同心圆运动取代了繁复的托勒密均轮本轮模型。但是，同心圆图景远非故事的终点。提出一套模型，只是科学工作的起点。

53 岁的哥白尼完成了大部分科学工作，但决定暂不发表。他的理由有两个。当时有人听到哥白尼新理论的传言，褒贬不一。有人表示感兴趣，比如当时的教皇利奥十世和几位枢机主教。也有人以《圣经》为依据表达了鲜明的反对，比如宗教改革家路德。读者舆论上的挫败还只是次要原因。更重要的原因是，哥白尼的工作还没有完成，他的作品只是一部半成品。

科学，从来都不是你说怎么样就要怎么样。科学需要证据。哥白尼所倡导的如此具有颠覆性的科学，需要的就是更加确凿的证据。天文学不能对群星做实验，只能被动观测。所以，天文学家眼中的证据就是观测数据。哥白尼利用当时恒星和行星的位置测量数据检验自己的理论。把太阳放在宇宙中心静止不动，让地球围绕太阳旋转，这样的宇宙模型能否符合实际观测到的群星运转情况呢？

答案是：不能。

我们今天的常识让我们觉得哥白尼的日心说更伟大、更正确，它一定比托勒密的地心说更符合真相。但仔细思考一下就会理解，事情没有这么简单。

首先，哥白尼采用的是标准的圆周运动轨迹。地球和其他行星都围绕太阳做完美的圆周运动。而托勒密体系的产生就是为了符合实际观测数据。经过岁月的累积，一层又一层的均轮和本轮增加嵌套，地球可以不位于宇宙中心，地球到宇宙中心的一小段距离也可以调节。也就是说，哥白尼的模型是没有调节余地的限制较多的模型，而托勒密的模型处处可以调节，参数众多，灵活多变。所以，托勒密的地心说模型可以与观测数据更完美地符合。

哥白尼经过几十年的工作，当然早就发现了这一点。太阳和地球交换位置，地球动了起来，可以解释行星逆行了。这个模型简单极了，却无法符合具体的实际观测数据。怎么办呢？

套圈。

哥白尼给行星的运动增加均轮进行嵌套。火星不是直接围绕太阳转，而是在一个小圆上转，小圆的圆心在一个中等大小的圆上，中圆的圆心围绕太阳转……对，这与托勒密的做法完全相同。

经过计算，在哥白尼最终完成的作品里，为了符合观测数据，整个日心说模型需要套上多少个圈呢？

哥白尼在自己最初的计算版本中需要34个圈，在最终的著作中用到了48个圈。

作为比较，托勒密的地心说模型里用到多少个圈的嵌套呢？历史上的学者对这个问题有不同的答案，不同版本的百科全书上也有不同的数字。数量最多的一种是240个圈，出自美国当代天文学家劳埃德·莫茨的《天文学的本质》（*Essentials of*

Astronomy）一书。[2] 天文史专家和哥白尼研究专家欧文·金格里奇在《无人读过的书》中证明，哥白尼用到的圈数可能多于托勒密，至少和托勒密用到的圈数差不太多。美国维拉诺瓦大学的爱德华·菲茨帕特里克教授证明，托勒密的体系不需要用到太多的均轮和本轮，就可以很好地符合观测数据。这也很容易理解。真实的太阳系行星轨道根本就不是圆形，而是椭圆形。非要用圆形来计算的模型不可能符合观测数据，更加灵活的托勒密体系反而容易符合。[3]

也就是说，根据今天天文史的倾向，哥白尼没有完成预定的任务，他的日心说一点也不好用，甚至比地心说更复杂，要用到更多的圆周嵌套。

真正帮助日心说解决了这个问题的天文学家，是哥白尼之后的开普勒。他放弃了哥白尼一直坚持的圆周运动，把行星围绕太阳运动的轨迹改为椭圆形，最终可以完美地符合观测数据。但在哥白尼心目中，圆周运动不能废弃，可新的模型比自己之前反对的模型更加复杂，这如何是好呢？

哥白尼迟迟不愿意公布自己的全部书稿。了解到哥白尼部分工作的天文学家雷蒂库斯专门跑到哥白尼的住处，长时间和他生活在一起，写了一本名为《初论》的小册子，介绍了哥白尼日心说的核心概要，帮哥白尼宣传了日心说。在和哥白尼的长期交往中，雷蒂库斯取得了哥白尼的信任，成了他终生唯一的门徒。直到去世前两年，哥白尼才终于同意雷蒂库斯出版自己的著作。

雷蒂库斯把哥白尼的手稿交到纽伦堡著名出版商佩特里乌斯

手中，佩特里乌斯承担全部费用和风险。印刷商给全书添加了书名，叫《论天球运行的六卷本集》，也就是今天我们所说的《天球运行论》。雷蒂库斯此时正好接到新的任命，赶往莱比锡大学任教。临走前，他委托纽伦堡当地的牧师朋友奥西安德尔监督哥白尼书稿的印刷发行工作。奥西安德尔成了哥白尼作品的责任编辑。这本书中用到大量的公式和图表，需要认真校对。奥西安德尔的工作干得不错，只是利用职务之便在书的最前面以哥白尼的名义插入了一段声明。声明大意是说，请读者不要相信宇宙真的如此，这本书只是数学上的假设。奥西安德尔的胆大妄为是否另有动机？多年之后，人们如何发现这段声明并非哥白尼本人的意愿？这就是另外的故事了。

70 岁的哥白尼看到《天球运行论》的样书后，离开了这个世界。没有了作者的庇护，《天球运行论》一书独自在世界上传播，经受读者的检验、批判、信奉、查禁或宣传。

哥白尼失败了，但这是天文史上最伟大的失败。

今天，无论在天文学领域，还是在大众传播领域，哥白尼都是一个家喻户晓的名字。全世界可能有上千万所中小学校的教室里挂着哥白尼的肖像画，每一座天文馆和科技馆里都会用大字标题凸显哥白尼的贡献，出版社会把引导孩子热爱科学的丛书叫"哥白尼系列"，科技馆会把少儿科技节叫"小小哥白尼"……哥白尼早已不是哥白尼本身，而是科学革命的同义词。

哥白尼的伟大显而易见。但是，无论是某个专业领域的学者，还是普通大众，面对历史的起承转合，都会经常不由自主地产生一种心理偏见。我们回看某个历史变迁的时间转折点时，会过分地贬低变迁发生之前的时代，同时又会过分地抬高变迁发生之后的时代。比如，面对哥白尼开启的一场天文学的变革，我们会过分贬低哥白尼之前的地心说模型，也会过分赞扬哥白尼的日心说模型。几百年来，从地心说到日心说的这场变革，早已不是当年的变革本身，而是糅进了后人的太多偏见。

哥白尼在简洁化的任务上失败了，但整个时代在巨大的张力中前进。让我们重新回望一下那个充满张力的时代吧。

在哥白尼所处的文艺复兴时期，一边是贵族打仗前都要征询占卜师的意见；人们普遍相信被国王触摸身体可以避免恶病上身；世界把一切罪恶都怪罪到不检点的女性身上，在奥地利一个小镇，仅两年时间就有 80 人因行巫术的罪名而被处死；基督教的神父每年夏天都忙着在田间地头给庄稼驱邪。

而另一边……

培根呼唤理性，大喊知识就是力量；莎士比亚在戏谑的荒唐剧中暗藏人性的玄机；新成立的耶稣会修道院选派最优秀的青年去远东地区传教，将科学和数学带往东方；塞万提斯在山间游吟，反思骑士的精神；蒙田将礼仪和德行结合起来，为人类做出心灵自由的示范；还有哥白尼，他彻夜工作，用精巧的数学论证宇宙的秩序，绘制出太阳在宇宙中心的新版天图。

你看，这是人类最低沉、最迷信、最慌张的时代，也是理性开始的时代。这是哥白尼失败的时代，也是新的宇宙图景开始建立的时代。

2

错误地解释海水的潮汐

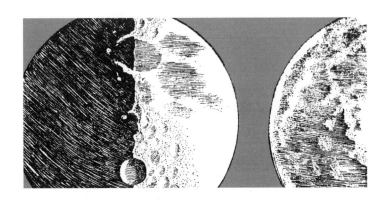

伽利略·伽利雷

托斯卡纳大公的数学家和天文学家

佛罗伦萨历史中心被联合国教科文组织世界遗产委员会列入《世界遗产名录》。

佛罗伦萨科学史学会及博物馆改名为伽利略博物馆。这里是保存伽利略遗物最丰富的地方。博物馆第一层的 7 号展厅陈列着伽利略使用过的大大小小的望远镜、罗盘、天平砝码和各种数学工具，它们拱卫着展厅中央的一座圆柱形展台。展台上的玻璃展柜里有一座年代久远的大理石基座，基座上卵圆形的水晶罩里有一根干枯的人类手指，直指天穹。这是伽利略的右手中指。

留下部分遗体是纪念伟人的庄严方式。没有人像伽利略那样对现代科学产生这么巨大的影响。伽利略是当之无愧的"现代科学之父",他的工作涉及从大地到天空的多个领域,比如宇宙体系。

哥白尼的《天球运行论》在纽伦堡出版发行。我们无法精确知道第一次印刷的数量和销售的情况,但跟随哈佛大学教授金格里奇在《无人读过的书》中的探寻,我们可以大概了解到,《天球运行论》问世之初就已经在欧洲的知识阶层中广为流传。作为对比,它的销量甚至高于几十年后的莎士比亚的作品。

但是,对波兰教士哥白尼的新理论感到好奇买来读一读是一回事,读过之后受到启发则是另一回事了。在《天球运行论》发行的那一刻,一粒石子被投入了池塘。以纽伦堡的出版商为中心,讨论日心说模型的涟漪在欧洲大陆激荡。20年后,大部分大学里的天文学教授、数学家、天主教会和改革派的知识分子阶层都或多或少听闻了新的宇宙理论。其结果是,有人支持,有人受影响,有人激烈反对。图宾根大学的年轻学生梅斯特林有幸得到一本《天球运行论》,他后来成为欧洲著名的人文主义者和海德堡大学教授,大量引用过哥白尼的著述。英国伊丽莎白一世宫廷里最智慧的学者托马斯·迪格斯追随哥白尼的脚步,继续探索数学问题。就连最保守的丹麦贵族天文学家第谷·布拉赫,也受哥白尼的影响,提出了介于地心说与日心说之间的折中宇宙结构体系。但大部分学者无法接受哥白尼和《天球运行论》,天主教会对自己的教士做出违背《圣经》的研究感到尴尬,新教改革家强烈抗议哥白尼动摇信仰的根基,普通民众当然不明白也不在乎天上的神秘过往。

就在这个时候，伽利略在意大利比萨出生。

青年时代的伽利略在比萨大学跟随数学家里奇教授钻研数学，在此期间第一次接触到哥白尼的《天球运行论》，但当时的他对大地上的生活场景更感兴趣。据说伽利略曾亲自爬上比萨斜塔，把两个不同重量的大球同时扔下，观察到它们同时落地。但更有可能的是，伽利略不需要亲自动手做这个实验，他只需要用思想上的分析论证，就可以发现下落物体的运动与这个物体的重量无关。

伽利略或许从哥白尼关于地球运动的理论，直接联系到自己关于重物下落的思考。如果地球真的在动，而我们又完全感觉不到，这就意味着我们并不能从直觉上判断运动与静止的本质区别，我们能区分的只能是运动状态的变化，也就是加速过程。

受哥白尼启发，伽利略的兴趣扩大了，他的目光从地面转移到了天空。这个时候，伽利略成为帕多瓦大学数学教授，受到开明的威尼斯公国的保护，相对轻松自在地从事自己喜欢的研究工作。

1609年，伽利略通过朋友的帮助，获得新近在荷兰出现的望远镜。望远镜已经在欧洲多地的博览会上亮相，成为大人和孩子都喜欢的新奇玩具，荷兰的眼镜商正在为争夺发明望远镜的专利权打官司。伽利略拆解了望远镜，理解了它的基本结构和成像原理，并自己动手制作放大倍数更高的望远镜。利用改进过的望远镜，伽利略发现，天界并非完美无瑕，月亮的表面凹凸不平，太阳上偶尔出现大量黑子，并不是所有天体都围绕着地球运动。

望远镜里还清晰显示，木星周围有四颗卫星，哥白尼预测的金星的阴晴圆缺也被伽利略记录在案。[1]

哥白尼的理念，加上伽利略在望远镜里观测到的证据，使逻辑链条初步成形。

租住在帕多瓦老城里的伽利略，也许是在一个阴冷的清晨结束了整夜的观测，兴奋地赶往大学讲堂，迫不及待把这一切告诉听课的学生。伽利略曾经授课的那个讲堂至今仍保留在帕多瓦大学里。今天，讲堂屋顶的一角有一架大理石雕刻的望远镜。它高高在上，高过讲堂里的师生和游客，高过墙面上悬挂的众位教授的画像，高过讲堂前方的国旗和十字架。

伽利略的新思维和望远镜使他成为明星教授，成为帕多瓦社交圈的核心人物。贵族也喜欢观测伽利略望远镜里的新现象。但是，几千年来，大地岿然不动，要改变这样的观念没有那么简单。嘲笑哥白尼与伽利略的人问了一个简单的问题："既然地球在动，为什么我感觉不到呢？"

在自己的著作《关于托勒密和哥白尼两大世界体系的对话》（以下简称《对话》）中，伽利略用对话体探讨了一系列运动问题。他在书中想象了一艘大船。人们被困在船舱底部，无法看到外面的世界时，不能通过任何现象判断大船是静止的，还是做匀速直线运动。你双脚起跳后，还会落回原点。你观察到的摆动和小球滚动，都和在家里的房间看到的情况一致。在伽利略的大船里，所谓静止和匀速直线运动，是完全等效的感受。[2]

这个解释还不能完全消除反对派的疑虑。照这个说法，地球静止也好，运动也罢，感觉完全一样，那又如何证明地球真的在动呢？

关键就在匀速直线。静止的感受与匀速直线的运动方式完全一致。地球在围绕太阳的运动中，巨大的圆形轨迹的曲率很小，短时间内的运动轨迹可以被近似看成一小段匀速直线运动。所以，我们不会感到地球正带着我们飞奔。但是，为了产生昼夜交替的效果，地球不仅要围绕太阳公转，还必须自转。地球表面上的某一个点，跟随地球自转的过程显然不是匀速直线，也一定会产生很明显的效果。我们看得见这个效果吗？

伽利略在写给枢机主教亚历山德罗·奥西尼的信中提出，正是地球的自转，才让海水晃动，以至于产生涨潮和落潮的现象。也就是说，伽利略为哥白尼的日心说找到了一大证据——潮汐。伽利略在信中阐述了对潮汐的讨论，希望奥西尼主教能将这封信呈给当时的教皇保罗五世御览。

如果说卫星环绕木星、月亮表面不完美、太阳上有黑子这些证据都远在天边，地球上海水的涨落则近在眼前。

从威尼斯到比萨，再到罗马，每一个水手、渔夫、沿海的农民和观察过大自然的市民，都知道地中海和亚得里亚海的海水每天两次涨落。威尼斯遭遇最严重的涨潮时，圣马可广场会被海水淹没；大潮来临时，河水充满比萨城中的河床，淹没桥墩；罗马郊外的公共海滩因为潮涨潮落，不停地变换边界。站在海边，潮水涌来时会迅速浸湿我们的双脚，潮水退去时又重新露出广阔的沙滩。潮水不断地冲刷着海岸线，促使海浪一波一波地撞击海面以下的大陆架，卷动海底的波涛。全世界的海洋相互联通，彼此分担潮汐的压力，又根据各自所处地理环境的不同，盐分、地理纬度、海床地质条件、生物多样性等情况的差异，产生不同强度的潮汐。

我们对潮汐并不陌生。

伽利略第一次将遥远宇宙的运行法则，与我们脚下潮湿的沙滩联系到一起。罗马郊外沙滩上的一只小小寄居蟹的生活节律，和宇宙中星辰的运动方式紧密相关。渔夫出海的计划受地球围绕太阳运动的影响。因为伽利略，我们第一次和星空如此接近。

安静的茶杯不会漏水，晃动的汤锅才有可能洒出汤来。伽利略抓到了支持哥白尼的最好证据，大海的磅礴吞吐就是地球在运动的直接结果。写给枢机主教的信似乎没能引起教皇的兴趣，伽利略没有放弃，他在《对话》中再次提出有关潮汐的思想。伽利略写作这本书时，最初的书名就叫《关于潮汐的对话》。他在书的序言中说：

> 我将提出一种巧妙的推测。很久以前，我就说过，海洋潮汐这个没有被解决的问题，可以从假定地球运动中得到一些说明……我认为有必要说明，在假定地球是运动的情况下，必然会产生这一现象的根据。

看起来，伽利略为日心说找到决定性证据的同时，还顺便解决了海洋潮汐成因这个千古谜题，真是了不起。

可问题是，伽利略错了。

在伽利略的时代，不存在引力和重力的概念。那个时代对自由落体的科学探索刚开始露出科学的端倪，对磁铁和磁力的研究还非常初级，对电的认知还完全不存在。包括伽利略在内的所有人都无法理解两个物体隔空不接触也能产生力的作用。静止就意味着一动不动、一成不变，而运动就意味着发生变化。这是自古以来的普遍认知，是逻辑的底层，从亚里士多德的时代一直流传下来。地球的运动带来了海水的晃动，这看似合理。但地球是否运动，与潮汐是否发生没有因果关系。

如果地球的运动能让海水晃动，也同样能让马车上的车夫感到摇摆，让我们每个人感到站立不稳。我们感受不到地球运动的一切动态效果，海水也一样无动于衷。真正掀起波浪的是太阳和月亮的引力。

伽利略本不该犯这个错误。

公元前 3 世纪的古希腊人埃拉托色尼和公元前 1 世纪的波希多尼早就观察过月亮的阴晴圆缺和潮汐之间的关系，提出潮汐和月亮之间可能有着神秘的关联。公元 77 年，老普林尼在《博物志》一书中也提到了月亮对潮汐的影响。古希腊晚期的托勒密还专门用潮汐和月亮的关系作为占卜命运的依据。到了中世纪早期，英国神学家比德在《时间计算》一书中讨论过月亮与潮汐的关系。但丁在《神曲·天堂篇》第十六章第82~83节中说："一如月亮的天穹转动运行，把海岸覆盖又展现，永无休歇。"[3] 但丁活跃的范围就是伽利略生活的佛罗伦萨、比萨和威尼斯等地。

我们不知道伽利略对这些前辈的论述全然无知，还是选择性忽略。他太想证明日心说了。

差不多同时代的开普勒正确地提出潮汐现象来源于太阳和月亮的影响，但直到牛顿利用万有引力定律，才真正定量地解决潮汐问题。对潮汐更加精确的计算，要等到牛顿之后的庞加莱、欧拉、伯努利等数学家的共同努力才得以实现。潮汐的产生并非因为地球在动，而是因为太阳和月亮对地球的引力拉扯，其中月亮的效果更明显。在地球上，海洋的潮汐起伏中超过三分之二的贡献源于月亮。

只不过，当时没有人纠结潮汐问题。天主教会新当选的教皇本来是伽利略的朋友，曾经大力支持伽利略的研究。但是，成为教皇后的朋友不再是单纯的朋友了。朋友可以讨论天界的运动可能性，而教皇必须为信仰的体系负责，为《圣经》文辞的权威性负责，也要为自己的权力稳定负责。新教皇在波诡云谲的政治风暴中牺牲了伽利略，以捍卫自己的权威。伽利略被押解至罗马接受审讯。

1633 年 2 月，69 岁的伽利略抵达罗马，接受宗教法庭的第二次审讯。伽利略被控"违背誓言，公开支持哥白尼"，审讯过程持续了好几个月。7 月，他被威胁如果不从实招来，就要接受酷刑的折磨。几天后，最终的判决如下：[4]

  1. 伽利略被怀疑具有强烈的异端邪说思想，要求他立即弃绝；

2.伽利略被判处终身监禁（后来改判为软禁）；

3.禁止伽利略的全部学术作品出版，禁止伽利略继续从事学术研究。

所幸，美第奇家族接纳了伽利略，一直照顾他的晚年生活。

从《天球运行论》问世到伽利略被软禁后离世，在这期间的近一个世纪，第谷、开普勒、伽利略等众多天文学家一起思索日心说的道理，为地球的运动寻找根据。伽利略只是他们当中的一个代表。

从《星际信使》到《对话》，从制造望远镜到被审判，从大学教授、美第奇家族的顾问、托斯卡纳大公的私人教师到教皇囚牢中的罪犯，伽利略从年富力强走向了古稀之年。这些年来，他观察、发现、记录、对比、推演，为哥白尼的日心说积累资料，为地球的运动寻找证据。他错误地解释了潮汐现象，但正确地坚持了地球运动的理念。他错误地理解了地球运动带来的海水晃动，但正确地认识到地球的公转与自转的双重运动方式。他在众多闪耀的天文学发现中，做出了一项看似荒谬的推理。但科学也许就是这样。科学既不担保全部的思考过程都通往真理，也不意味着必须领先于时代的声音。科学更像航海，可能有目标，也可能并不知道彼岸在何处；可能走上了最便捷的海路，也可能在原地的湍流中打转，甚至南辕北辙；可能明天比今天更好，芝麻开花节节高，也可能停滞不前，甚至倒退一大步。

我们在伽利略众多伟大而正确的发现之中，小心翼翼地分辨出关于潮汐成因的伟大错误，是为了还原真实的伽利略和真实的科学史观。的确，地球在动，但正确的动机和正确的结论，并不一定带来正确的解释。能解释潮汐的原因还需要从别处寻找。

1642 年的新年刚过一个星期，77 岁的伽利略持续发烧和心悸，之后去世。教皇不允许为伽利略举办葬礼，也不允许将伽利略葬在教堂的墓地里。他长眠于佛罗伦萨大教堂之外的偏僻之处，很多年后才被隆重地重新下葬。

一年之后，牛顿在英国林肯郡的乡间出生，他将重新解决潮汐问题。

测量光速的学术小组

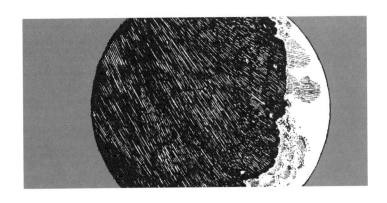

西芒托学院

托斯卡纳大公的学术机构

在佛罗伦萨的阿诺河南岸，距离老桥约 200 米处有一座城里最豪华的宫殿——皮蒂宫。这里从科西莫一世开始就一直是美第奇家族的主要住所。整座宫殿长 201 米，高 37 米。三层楼高的皮蒂宫用巨大的方形顽石建成。皮蒂宫外观极尽简约纯粹的风格，几乎看不到任何装饰。正立面仅有的装饰是在每一层的屋檐处带有柱形栏杆。但室内的藏品与外观截然相反。这座宫殿有 11 间艺术室，珍藏着拉斐尔、波提切利、提香等名家的作品，其中五间的天花板上还有湿壁画。

就在贵族的住房和艺术珍品之间，在这座宫殿内部，曾经有一个房间与它周围的一切都不搭调。

在历史上的一段时间里，这间房间里装满了大大小小的玻璃仪器、望远镜、显微镜、放大镜，各种烧杯、曲颈瓶和玻璃管，还有数不清的单摆、滑轮和轨道。日常出入这间房间的人，有几位数学家、物理学家、化学家和生物学家，以及美第奇家族的头号人物、第五代托斯卡纳大公斐迪南二世·德·美第奇和他的弟弟利奥波尔多，他们兄弟俩都曾经是伽利略的学生。这座隐藏在托斯卡纳大公住宅内的实验室叫西芒托学院。美第奇家族在几百年间积累了大量财富，得以资助文艺复兴时期充满创意的艺术家和科学家。但把一座巨大的科学实验室安排在自己的卧室附近，肯定不是常见的情况。

在最热闹的那几年，这个房间几乎算得上是整个世界的科学中心。英国王室与这里通信，学习科学家团体的协作方式。法国贵族来这里取经，回去兴办了自己的学术组织。[1] 1642 年，伽利略以传播异端邪说的戴罪之身去世，享年 77 岁。但伽利略灵魂中的某些东西，在皮蒂宫这间不算太大的房间里以另一种方式存活了下来。

伽利略晚年受到美第奇家族的庇护，再加上几位学术上的跟随者的帮助，生活还算过得去。伽利略去世后，美第奇家族继续聘用伽利略的学生托里拆利为宫廷数学家。其他几位学生也都或多或少得到了美第奇家族的慷慨协助。其中最著名的是乔瓦尼·阿方索·博雷利和温琴佐·维维亚尼。博雷利比伽利略小 44 岁，在数学、物理学和生理学等领域都有所建树。在见到伽利略之前，博雷利已经是墨西拿大学数学教授；伽利略去世后，

34 岁的博雷利成为比萨大学数学教授。维维亚尼比伽利略小 58 岁，做过伽利略晚年的助手，在伽利略去世后收集资料，编辑了伽利略的传记。[2]

伽利略去世 15 年之后，也就是 1657 年，博雷利与维维亚尼在大公和其弟弟利奥波尔多的支持下，在佛罗伦萨创建了西芒托学院。西芒托（cimento）这个词的意思是测试和实验。西芒托学院就是实验学院。我们在这里沿用科学史上的习惯，称它为西芒托学院。西芒托学院的座右铭是 Provando e riprovando，意思是"尝试之后再尝试"。从西芒托学院的名称和它的座右铭就能看得出来，它继承了伽利略的思想精髓，认为科学探索必须植根于实验。实验至上，是西芒托学院的核心价值观。美第奇家族不光资助，还将自己居所的豪华房间提供给西芒托学院，作为活动场地和实验室。大公和其弟弟这两位贵族也是学院的成员，长期参与学术活动。

西芒托学院不是人类最古老的学术组织，却有两项独创的精神在此前从未有过。

首先，它不关注世界观，搁置宗教信仰和学术传统带来的理念争端，而是致力于对自然现象进行观察和实验。[3] 也就是说，西芒托学院抛弃了此前的学者善于概念先行的老套路，愿意谦卑地从客观现实的表现出发。但是，自然现象精彩纷呈、灵活万变，怎么保证观察到的现象就是客观的呢？西芒托学院的座右铭告诉我们，重复实验就是接近实验真相的好办法。人有瑕疵，任何一种实验仪器都不够完美。我们进行实验观察的时间和地点都微妙地受到各种不可控因素的影响，大量地重复实验才能消除这些不确定性，获得相对稳定的结果。比如我们在中学物理课上就学过，用刻度尺测量物体的长度时，需要反复测量。刻度尺的最小刻度不是无限小，需要测量的物体的边缘落在两条最小刻度划线之间，所以测量结果的最后一位数字全靠主观上的估计。只有大量重复测量，再求取平均数，才能得到相对可靠的结果。为了进行实验，他们自己设计制作实验仪器，辗转于不同的实验环境，一而再，再而三地重复相同的实验步骤。他们不再是谈天说地、坐而论道的理想派，而是实实在在动手制造的行动派。

西芒托学院实验室里的仪器现在就展示在皮蒂宫附近的伽利略博物馆里。其中有一件展品，是一组四件玻璃容器。容器本身完全密封，底部装水，上半部分的玻璃做成了极细的玻璃管，并且弯曲盘绕成十几圈的弹簧形状。细管上刻画着黑色、白色和蓝色的刻度，最小间隔的黑色刻度表示1度。随着温度升高，容器底部的水的体积膨胀，液面慢慢沿着玻璃管上升。这是一组最原始的温度计。西芒托学院的成员制造了很多这样的仪器，我们在西芒托学院的仪器库里能看见今天中学物理和化学实验室的影子。

其次，西芒托学院的成员之间紧密合作。伽利略在世的时候，也曾经加入位于罗马的山猫科学院，但他从山猫科学院获得的只是道义上的支持和出版学术作品的经费。山猫科学院的成员仅仅在名义上相互声援，但从来没有开展过切实的业务合作。而西芒托学院的几位代表人物亲密无间，长时间聚在一起，相互争论，共同起草实验程序，一起动手完成实验，一起书写实验结果记录。

西芒托学院的成员资格由美第奇家族遴选决定。随着弗朗切斯科·雷迪的加入，医学成为继物理学、天文学和数学之后学院的另一个重要学科。另外，还有相当多的学者虽然不是学院的正式成员，但都以各种角色参与了学院的活动。其中有医生和地质学家尼尔斯·斯坦森，还有维维亚尼的学生、未来的爱尔兰皇家学会主席罗伯特·索思韦尔。其他科学家，如荷兰的惠更斯和法国的特维诺叔侄，与佛罗伦萨的科学家和贵族建立了密切的书信往来，他们讨论的内容都与皮蒂宫的房间里进行的科学研究有关。皮蒂宫是一座宏伟的建筑，此刻也拥有了实验科学的威望。学院成员之间的通信、日记和科学笔记今天都收藏于佛罗伦萨国家图书馆中。西芒托学院是人类第一个世界级的成员之间协作探索的科学组织。

西芒托学院的《自然观察报告》(*Saggi di naturali esperienze*)上记录了一个光学实验，再根据今天博物馆里陈列的西芒托学院成员制作和使用过的科学仪器，我们可以还原出西芒托学院的核心成员曾经开展过的一项重要实验——他们试图测量光速。常识告诉我们，速度等于路程除以时间。所以要测量光速，就需要让光通过一段距离，然后精确地测量出光通过的时间。为了尽可能减少实验中的误差，西芒托学院设计了一段非常遥远的距离。

在西芒托学院成立之初，学院成员卡洛·雷纳尔迪尼写信给利奥波尔多，提出了测量光速的实验设计。他计划派出两组人，一组人前往加尔法尼亚的小镇韦鲁科拉 700 米高的山顶，另一组人前往比萨，韦鲁科拉和比萨两地相距大约 50 千米。韦鲁科拉组的实验人员在夜间点亮灯笼，比萨组看到灯笼后立即点亮自己手中的灯笼，韦鲁科拉组计算从自己的灯笼点亮到看到比萨的灯笼点亮之间的时间差。这个时间差就是光线在韦鲁科拉和比萨两地往返一次所花的时间。为了更精确地记录时间，以及尽可能减少操作过程所耽误的时间，两个小组利用当天夜里的月亮位置来校准时间，并且提前点亮自己的灯笼，再用挡板遮住。

几年后，博雷利设计实施了另一个相似的实验。这一次，两个小组分别在佛罗伦萨和皮斯托亚点亮灯笼，两地距离 20 千米左右。实验还在佛罗伦萨和韦鲁科拉之间进行过。

学院成员的想法是，即使缺少精密的计时仪器，难以精确计时，也可以利用这样的实验进行定性分析，也就是分辨出光的运动究竟是瞬间的效果，还是需要花费时间。用当时的话来说，他们要看一看光是否比天使飞得更快。

维维亚尼和另一位成员马加洛蒂报告了实验结果。实验结果是一场灾难，实验人员甚至根本无法确定对方的灯笼会出现在什么方向。他们在夜晚的大雾中记录了错误的时间，雾气最严重的时候看不见任何东西。

这样的实验可能还进行过好几次，但每次都以失败收场。马加洛蒂起草了学院公开的《自然观察报告》，细致地讲述了实验的设计初衷和实验过程，也诚实地讲述了失败的实验结果。在可供参考的几次实验中，因为光速比预想的快得多，他们无法判断光线往返两地的时间差。

在西芒托学院的光速实验中，光线往返两个实验地点的时间不到 1 毫秒。在 17 世纪的欧洲，无论多么训练有素的实验操作流程，都无法分辨出小于 1 毫秒的时间间隔，西芒托的光速实验注定失败。

西芒托学院的学者使用了正确的实验思维、准确的数学计算和精确的逻辑过程，却没能成功测量出光速；因为所有人都错误地估计了光速的量级。假如光速只有真实数值的百分之一，更精密一点的计时装置、更远一点的实验站点、更多的实验训练，很可能得出正确的结果。但是，因为谁也没有预料到光速竟然可以大大超出人类的想象范围，光速的数值在人类对速度的想象力极限之上，这让一切训练、重复实验、精密追求和科学实验思路的努力都化为乌有。

最快的马车速度是几米每秒，从佛罗伦萨大教堂的尖顶上自由坠落的瓦片落地时的速度是 30 米每秒，自然界运动速度最快的动物游隼全力飞行时的速度是 80 多米每秒，即便将日心说模型里地球围绕太阳的运动考虑在内，这个速度也只有 30 千米每秒。也就是说，在西芒托学院活跃的年代，人类对最大速度的认知不会超过光速的万分之一。我们长期生活在一个低速运行的环境中，面对光速，所有人都无能为力，只有匍匐于地，并顶礼膜拜。

但是，就在阿诺河边的一间小房子里，这几个人不满足于匍匐的姿态。他们暂时放下个人的理念之争，联合起来，尝试着走上一条斗志昂扬的道路。他们高昂着头颅，并肩而行，挑战了不可一世的光之神。他们用测量马车速度的逻辑测量光速，他们用重复实验的思路求解未知的问题，他们用诚实的语言客观记录。他们测量光速的行动失败了，但他们的思想和行动本身就散发着科学精神之光。他们对自然的理解，没有以《圣经》逐字逐句的文义为基础，没有听命于教皇、大主教和主教的训令，更没有完全相信前辈的历史经验。他们相信，要理解自然的真相，只能相信此刻的实验。当然，我们可以理解，在伽利略的遭遇之后，佛罗伦萨的精英主动或被动地对哥白尼的理念避而不谈，出于自身和学术研究安全的角度考虑，把热情投入相对中立的实验活动中。我们也可以理解，勇气和牺牲固然可贵，但坚守和传承同样有价值。

美第奇家族盛极而衰，早就停止了银行业的生意，连年的瘟疫和战争也大大削减了赋税收入，佛罗伦萨最重要的贸易收入也被其他的航线和新崛起的城市抢了风头，繁华渐渐落幕。一代代的美第奇家族继承人上演着几乎相同的戏码：父母不和，孩子从小性格阴郁，在新思想和保守思想之间摇摆不定，过早结婚，娶一位欧洲贵族的女儿，婚后和妻子相互怨恨，沉迷于声色与挥霍的生活，生个孩子走上老路……日本当代心理学家加藤谛三在《长不大的父母》一书中解释了家庭代代相传的情感问题。在欧洲曾经最显赫的家族中，一代代长不大的父母诞生了，仿佛皮蒂宫里的人格伴随着佛罗伦萨的贸易一起衰落了。

大公久病，利奥波尔多受教皇拔擢，成为枢机主教，前往罗马赴任。而美第奇家族的下一代对科学毫无兴趣。再加上西芒托学院的几位科学家相继出走，博雷利去了罗马，维维亚尼接受了新成立的法国科学院的职位，西芒托学院渐渐停止了活动。西芒托学院成立于 1657 年，到 1667 年解散，存世只有 10 年，却成为科学史上最重要的学术机构之一。它的出现，使现代科学的研究方式具备了今天的样子。它的组织形式、科学精神、实验遗产，都直接影响了当时欧洲其他地区的科学活动。路易十四仿照西芒托学院，在法国创建了法国科学院，查理二世在英国创建了皇家学会，世界科学研究的中心逐渐从意大利转移到欧洲大陆的西部地区。

10 年之后，在法国科学院下属机构巴黎天文台工作的丹麦天文学家罗默，利用不同时间观测木星卫星的时间差，第一次得出了光速的测量结果，比现代值小了 27%。将近 200 年后，法国物理学家斐索才第一次在地面实验室成功测量了光速。

观测金星凌日九死一生

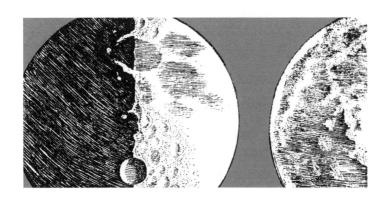

纪尧姆·勒让蒂

法国天文学家

Guillaume Le Gentil
1725–1792

1771 年 10 月，在外漂泊 11 年的勒让蒂终于回
到了自己的祖国。他在踏上巴黎土地的时候，会不
会想起自己 11 年前登船出航的时刻呢？

勒让蒂出生于 1725 年 9 月，从小学习神学，本
来打算当一名天主教的神父。在读大学的时候，勒
让蒂偶然听到天文学家约瑟夫·尼古拉斯·德利尔
教授主讲的天文学课程，开始对天文学感兴趣。德
利尔是法国科学院院士，最早使用水银温度计确定
了一套温度测量标准，还教出了梅西叶这样著名的
学生。在德利尔的指导下，勒让蒂的天文学知识逐
渐丰富。德利尔瞅准时机，把勒让蒂引荐给了当时
的巴黎天文台台长雅克·卡西尼。71 岁高龄的卡西

尼以优雅的姿态接见了 23 岁的勒让蒂。卡西尼把所有愿意献身天文学的人都看作自己的孩子，那种父辈的善意和温暖触动了勒让蒂的内心。了解到勒让蒂的兴趣后，卡西尼建议他到巴黎天文台工作，卡西尼的儿子德·图里和外甥马拉尔迪可以指导他的工作。[1]

就这样，年轻的勒让蒂在巴黎天文台名师的指导下，逐渐熟悉了仪器的使用，可以执行最精细的观测任务和最困难的数学计算。因为勒让蒂的热切，天文学知识的大门在他的面前开启。因为勤劳和专注，勒让蒂得到了一个光荣的机会。

1760 年，法国科学院提议，法国政府批准，组建一支奔赴世界各地观测金星凌日的远征队。达奥特罗什前往西伯利亚，潘格雷前往罗德里格斯岛，梅森前往苏门答腊岛，而勒让蒂的目的地是印度的本地治里。

为什么要观测金星凌日呢？

金星围绕太阳运动，地球也围绕太阳运动。金星运动的平面和地球运动的平面几乎重合，但存在微小的偏差。地球在外圈，金星在内圈。所以在地球上，有机会观测到太阳、金星和地球恰好在一条直线上。这个时候，我们可以在地球上观测到金星从太阳表面划过。因为金星的星光完全来源于太阳光的反射，所以当我们看到金星从太阳表面划过的时候，完全逆光的金星只有剪影的效果。这个现象叫金星凌日。

但是，金星凌日太罕见了。在最近几个世纪之内，金星凌日的现象成对出现。一对金星凌日现象间隔 8 年，而每对之间间隔

100多年。天文学家一般来说只有机会观测到间隔8年的两次金星凌日。上两次金星凌日发生在2004年6月8日和2012年6月6日。未来两次金星凌日将发生在2117年12月11日和2125年12月8日。

观测金星凌日不仅是为了欣赏罕见的天文现象，还有着重要的天文学意义。18世纪初，天文学家哈雷提出了一个绝妙的方法，可以精确测量地球到太阳的距离。在发生金星凌日的时候，同时派出多组天文学家在不同地点观测。因为每个人所在的位置不同，观测到的金星在太阳表面划过的方位也有所差别。只要精确测定观测者所在地之间的距离和观测到的金星凌日的差别，就可以推算出金星和太阳到地球的距离。在哈雷提出这套方法之后，第一次金星凌日就发生在1761年6月6日。法国的天文学家提前一年就选派了精兵强将执行这项观测任务。

本地治里位于印度东南海岸，当时是法国殖民地。从法国出发前往本地治里，必须乘船驶出英吉利海峡，进入大西洋，然后一路南下，绕过非洲最南端的好望角，向东进入印度洋，在毛里求斯停泊，再根据风向和过往船只的情况向东北航行，穿越印度洋。勒让蒂在东印度公司的两艘船中选择了拥有50门大炮的"贝里耶号"。王室大臣和皇家科学院院长拉弗里耶尔公爵给东印度公司下达了明确的命令，要求勒让蒂乘船前往印度。可是，这个时候的世界一点也不太平。

1756年，七年战争爆发，英法两大国成了对手。1757年，普拉西战役爆发，英国侵占印度孟加拉地区，威胁了法国和印度之间的贸易通道和法国东印度公司的利益。

1760 年 3 月 26 日，勒让蒂登船出发。经过 4 个月的航行，勒让蒂抵达印度洋上的毛里求斯。他了解到，英国和法国在印度的战争已经爆发，法国的舰船不敢贸然前往印度。而且，东北季风已经来临，从毛里求斯到印度需要逆风航行，效率极低。这个时候，从毛里求斯前往印度的航线已经中断，而勒让蒂不适应海上航行的生活，在毛里求斯患上了痢疾。战火、风向和身体，面对这三重阻碍，勒让蒂不得不在毛里求斯停留，等待时机。在这期间，他想过要不要直接前往毛里求斯附近的罗德里格斯岛与潘格雷会合，但这样就会缺少本地治里观测点的数据，将来运算结果的精确度会大打折扣。勒让蒂还是决定在毛里求斯原地等待。

勒让蒂等过了夏天、秋天和冬天。第二年的春天，从法国抵达的一艘护卫舰带来了关于印度战局的消息。总督和海军司令决定立即派遣护卫舰前往印度，勒让蒂的机会来了。海军向勒让蒂担保，就算现在风向不对，他们也能在两个月内抵达印度海岸。于是，勒让蒂 3 月 11 日乘坐这艘护卫舰离开毛里求斯，10 多天后经过留尼汪岛，以每天 90~120 海里的速度航行。但接近赤道的时候，反方向的季风强劲，护卫舰没能在正确的航线上继续前行。护卫舰航行到印度西南部马拉巴尔海岸的时候，距离金星凌日出现的日期还有 12 天。他们得到情报，印度的本地治里已经落入英军的控制下。勒让蒂在日记中写道："对法国来说，这个地方已经不存在了。我们从过往的荷兰人那里确认了这个消息……"[2]

无奈之下，护卫舰必须返航。距离金星凌日还有一个星期，勒让蒂乘坐的法国护卫舰从印度海域返回，一个月后回到了毛里求斯。勒让蒂在毛里求斯上岸的时候，此次金星凌日已经过去了17天。航行千余里，在海上漂泊一年多的时间，已经和观测地近在咫尺，却只能无功而返，我们可以想象他当时强烈的挫败感。在乘船返回毛里求斯的途中，勒让蒂观测到了金星凌日。但是，身处颠簸的船上，勒让蒂无法精确测量任何数据。第一次金星凌日观测失败。

　　没关系，8年之后还有一次机会。为了万无一失，勒让蒂决定留在印度洋上，不回法国了。他可以在这8年期间研究毛里求斯的风土人情，测定当地的经纬度。如果能在返回欧洲之前精确测定印度洋一些岛屿的坐标，也算得上是脚踏实地的贡献，避免了舟车劳顿，还能提前为下一次金星凌日的观测做些准备工作。想到这里，勒让蒂决定不走了，就住在毛里求斯，等待下一次金星凌日，也就是8年之后的1769年6月4日。

　　就这样，勒让蒂在毛里求斯安顿下来。他多次探访附近的马达加斯加岛和波旁岛，探索了非洲东部海域的渔业、风向和潮汐，了解到当地的农业、饮食、服装和民族风俗，还经历了一次严重的疾病，需要放血和催吐治疗。重病期间，勒让蒂的视觉出现问题，看东西总是重影。随着体力慢慢恢复，他的视觉才有了好转。在这期间，勒让蒂绘制了非洲东海岸的地图。它是当时最丰富、最精确的非洲东部地图。

　　勒让蒂在毛里求斯生活了5年之后，要开始准备第二次金星凌日的观测了。他计算了金星凌日出现的时间和位置，认为更有利的观测地点应该在更东方，比如菲律宾海域的马尼拉，甚至是西太平洋海域的马里亚纳群岛。因为金星凌日发生的时候，这些地方的太阳位置更高，更容易精确测量数据。要前往马尼拉，必须搭乘前往中国的船只，向东穿越印度洋，经过马六甲海峡，进入中国南海，北上到达广州，才能最终到达。这样的船全年都有。

更幸运的是，军舰"善劝号"停靠在毛里求斯。这艘军舰此行的目的地就是马尼拉，而且副船长正好是自己的老熟人卡森斯，勒让蒂在巴黎的时候就见过他。通过卡森斯的介绍，勒让蒂认识了"善劝号"的船长。他向船长说明了自己要观测金星凌日的使命，船长同意勒让蒂随船一起去马尼拉，避免了绕道广州。航行了大半年之后，勒让蒂于8月10日到达马尼拉。

勒让蒂在马尼拉大教堂结识了两位好朋友梅洛和罗克萨斯。梅洛是南美洲的秘鲁人，在马尼拉大教堂担任教士。按照勒让蒂的说法，梅洛有着优秀的心灵品质，有学问，热衷于研究，喜欢书籍和数学计算仪器，是非常好的朋友。罗克萨斯是墨西哥人，是马尼拉大主教的侄子和秘书。梅洛和罗克萨斯轮流照顾勒让蒂的生活，让勒让蒂在这里愉快地生活了两年。其间，勒让蒂帮助卡森斯测定了马尼拉港口的经纬度。

但是，马尼拉当时是西班牙的殖民地。西班牙驻马尼拉总督对法国人不怀好意，不太欢迎勒让蒂的到来。勒让蒂通过毛里求斯联系法国政府，希望得到一封推荐信，帮助自己赢得西班牙驻马尼拉总督的好感。勒让蒂收到了法国政府的回信，把它出示给西班牙驻马尼拉总督，但总督不相信勒让蒂能在这么短的时间里拿到回信，怀疑勒让蒂伪造了信件，对法国人更加不满。马尼拉夏天的天气也阴晴不定，这让勒让蒂犯了难。再加上法国科学院在来信中给勒让蒂施加了压力，责备他偏离预定的观测地点太远。

勒让蒂最终决定放弃马尼拉，还是回到印度的本地治里做观测。在他离开马尼拉前，梅洛用马尼拉当地特有的一种木材制作了一张桌子和一把折叠椅，并将它们送给勒让蒂。勒让蒂一直随身带着这套桌椅，把它当作自己最钟爱的家具保存着。他与梅洛和罗克萨斯一直到晚年都保持着通信。

开春，勒让蒂搭乘了一艘来自澳门的葡萄牙商船前往本地治里。1768 年 3 月 27 日，勒让蒂终于抵达本地治里，此时距离金星凌日还有一年零两个月左右，他有充足的时间做准备。

他在本地治里持续观测星空，记了大量笔记：[3]

> 这里 1 月和 2 月的星空最美。看过这里的星空之前，你不可能真的懂得夜晚的美丽。我用 15 英尺（约 4.6 米）焦距的望远镜看木星如此清晰，空气太干净了，星星没有任何闪烁。我经常把我的望远镜暴露在夜里，垂直放置好几个小时，也不会受到露水和湿气的影响。3 月的天气不是很好，4 月的天气开始变得沉闷，而 6 月、7 月、8 月和 9 月不太适合天文观测。在这些月份，除了早晨有一段时间是晴

朗的，你几乎没有任何收获。10 月、11 月和 12 月是雨季和冬季……

金星凌日发生在 6 月，6 月不适合观测星空。但没关系，观测金星凌日只需要早晨的一段时间注视太阳……他焦急地等待着，盼望着。附近的英国人给他送来一架非常好的望远镜。整个 5 月，勒让蒂都在持续观测。直到 6 月 3 日这天，早上的天气都很好。金星凌日出现的前夜，勒让蒂还用望远镜观测了木星的卫星，效果极好。

6 月 4 日是星期日，勒让蒂凌晨两点就醒了。他感到微风拂面，觉得这是一个好兆头。可没过多久，天空被云层遮住了。从那一刻开始，他感觉自己注定要失败。他躺回床上，强迫自己再睡一会儿，可是完全闭不上眼睛。他再次起床的时候，天气还是阴沉的，而且东北部的云层更厚了。5 点开始吹起西南风，风越来越大，但云层一点也没有改变。五点半左右，风猛烈地吹开天上的云层，撕开一道透过阳光的口子，但云层很快又遮蔽下来。海面上的船剧烈摇晃，地上的沙尘盘旋着上升，乌云一直存在。就在快到 7 点的时候，天空出现了淡淡的白色，但依然无法分辨出太阳的位置。而这个时候，金星凌日已经结束了。

勒让蒂的金星凌日观测再次失败。

在这一天的其他时间，天空始终晴朗。命运仿佛故意捉弄勒让蒂，只在金星凌日发生的这段时间里让乌云遮盖天空。勒让蒂心灰意冷，在日记中写道：

这就是等待天文学家的命运。我已经走了一万多里路，似乎我穿越了如此广阔的海洋，把自己从故乡放逐，只是为了成为一片致命的云彩的旁观者。这片云彩在我观测的精确时刻来到太阳面前，把我痛苦和疲劳的成果带走。我无法从惊讶中恢复过来，我很难相信金星凌日已经结束了……最后，我在出奇的沮丧中度过了两个多星期，几乎没有力气拿起笔来继续做记录。当我尝试着记录报告的时候，我的笔好几次从手中掉落。

就在最绝望的打击中，命运没完没了地捉弄勒让蒂。梅洛寄来了一封信，告诉勒让蒂，在金星凌日发生的时候，马尼拉晴空万里。梅洛自己进行了观测，把观测数据寄给了勒让蒂。这些数据非常精确，科学价值很高。

18世纪的两次金星凌日全部结束，印度洋多变的天气让勒让蒂再次滞留毛里求斯。一年半以后，他才有机会搭乘西班牙的军舰离开这片失败的海域。1771年10月8日，勒让蒂终于回到法国，此时距离他离开巴黎已经过了11年。回到家的勒让蒂发现，因为长时间断绝通信，家人以为他已经意外去世。继承人和债主分割了他的财产，妻子已经改嫁，就连法国科学院也已经将他除名。

勒让蒂回到了巴黎，却身无分文，无家可归，失去了天文学家的头衔。除了伴随自己的笔记本和好朋友梅洛送的那套桌椅，他什么都没有了。勒让蒂一口气把官司打到国王那里。最终的判决是，法兰西科学院恢复了勒让蒂的名誉和职务，但改嫁的妻子和被分割的财产再也回不来了。[4]

花费 11 年的光阴，两次金星凌日观测都没能成功，勒让蒂成了天文史上出了名的倒霉蛋。法国著名天文学家、法国天文学会的创始人和首任会长弗拉马里翁最早在他的《大众天文学》中向大众讲述了勒让蒂的故事。

勒让蒂的两次金星凌日观测都没有成功，但他成功测量了印度洋和太平洋上几个重要港口的经纬度，在随行的笔记中详细描述了非洲东部、印度东南部和菲律宾等地的见闻，描绘了当地的精确地图，与地球另一半的学者建立了深厚的友谊，并且得到了在马尼拉观测金星凌日的精确数据。

在晚年的时候，勒让蒂一定会经常坐在梅洛送他的那张桌子前，想念着昔日的航海之旅、热带海域的水清沙白、军舰上的颠簸荡漾和几位老友。

5

测量经度的竞赛

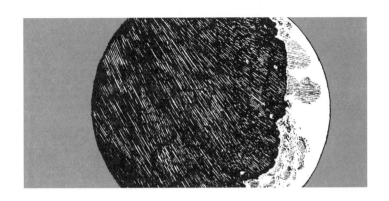

内维尔·马斯基林

英国皇家天文学家

Nevil Maskelyne
1732—1811

　　18 世纪初，西班牙国王卡洛斯二世病情恶化。卡洛斯二世没有子嗣，他的姐姐是法国国王路易十四的王后，所以他希望路易十四的孙子，也就是自己的外甥孙来继承西班牙的王位。反对的一方是奥地利，奥地利大公兼神圣罗马帝国皇帝利奥波德一世企图让自己的儿子控制西班牙。英国在这场争端中站在了奥地利一边。欧洲各国围绕西班牙王位继承权的问题开战，史称"西班牙王位继承战争"。1707 年，英国派出舰队，在地中海的土伦港与奥地利军队协同作战。战争结束后，英国舰队在皇家海军元帅肖维尔爵士的带领下返航。[1]

　　起初，舰队顺利地穿过地中海，9 月 29 日经直布罗陀海峡进入大西洋海域，再从这里北上。但进入大西洋后，天气就一直阴沉。肖维尔爵士召集所有导航员仔细研究了航线，他们认为，舰队需要继续向北航行，经过布列塔尼半岛西侧后进入英吉利海峡。

在法国和英国之间的这片英吉利海峡西南部，门户的两侧分别是法国西北角的布列塔尼半岛和英国西南角的锡利群岛，两地相距 100 千米左右。大英帝国的舰队接近锡利群岛后才意识到一个令人惊恐的事实，他们算错了所在位置的经度，舰队已经严重偏航。元帅命令舰队继续向东北方向航行。10 月 22 日晚上 8 点左右，旗舰"联合号"首先触礁，紧接着，舰队的战船依次撞上礁石。[2]

15 艘战列舰、4 艘火船、1 艘火炮战船和 1 艘快艇，整个舰队的 21 艘战船全部失事，其中 4 艘主力战船沉没，其余船只严重受损，包括元帅本人在内的近 2 000 名官兵牺牲。这是大英帝国有史以来最严重的海难。

肖维尔爵士的舰队遭遇的不幸一点也不稀奇。在那个年代，航海活动的死亡率极高，以至于曾经有法律规定，死刑犯如果自愿当水手，就可以被赦免，反正出海航行也是九死一生。

问题出在哪儿呢？

航海不同于陆地行动，在汪洋大海之中，经常找不到任何参照物，舰船出海需要经常了解自己所在的位置，才能正确规划下一步的航线。如果不能给自己定位，航海活动就完全等同于撞大运的赌徒行为。我们今天知道，给地球上的一个点定位，需要测定它的经纬度坐标。纬度好办。地球赤道的纬度是 0 度，两极分别是正负 90 度。地球北极的头顶上空正好对着小熊座最亮的恒星，它就是北极星。在北半球航行的时候，只需要在夜晚观测北极星，它的高度就是这个地点的纬度。航行在海上的时候，北极星肉眼就可以看见，如果利用小型望远镜和测量角度的仪器，就可以非常精确地了解所在地的纬度。即便是航行到了南半球，北极星落到了地平面以下，也可以根据其他特定的星座的高度推导出结果。难的是经度。

经度不像纬度那样有明确的起始点，地球上任何一个地方都可以被当成经度的起点。这还不是大问题。凭借自己的海洋霸权，航海技术领先的英国可以很方便地将伦敦设置为起点。真正麻烦的是，我们需要测量另外一座城市距离伦敦的经度相差多少。这怎么实现呢？

地球在自转，所以我们看到太阳每天东升西落。在一天 24 小时内，地球转过 360 度，平均每小时 15 度，这是一种比较稳定的时空框架。利用不同地方的时差，理论上就可以计算出经度的差别。举个例子。伦敦的日晷显示正午 12 点的时候，伦敦的市民会看到太阳大概位于自己正南方的天空中。与此同时，法国土伦看到太阳已经位于正南偏西的天空中了，这个时候在土伦是 12 点 30 分。土伦和伦敦这半个小时的时差，就意味着两地的经度相差大约 7.5 度。

想要测量某个地方的经度，就需要有比较精确的时钟可以测量这个地方的时间。再随身携带一只来自伦敦的时钟，两个时钟一比较，就可以知道这个地方的经度了。这就是测量经度最基本的时钟法。这说起来很简单，当时欧洲早就普及了机械钟表，测量经度的原理不存在太大困难，可实际操作起来复杂极了。首先，是钟表的准确度问题。当时的钟表都是庞大的座钟，表盘下面有一个长长的钟摆。整个时钟非常沉重，很难随身携带，旅行者不可能在异地随时测量。其次，更麻烦的问题是，这些钟表还不够准确。

早期的钟表每天会出现十几分钟的误差。发展到 18 世纪初，最精密的钟表的误差已经缩小到了每天只差 6 秒钟。这点误差对于普通人在生活中的使用来说完全没问题。但是，在航海的过程中利用这样的钟表计算经度，那麻烦可就大了。每天差 6 秒，就意味着经度相差 1.5 角分，这个角度的差别对应的直线距离是 2.7千米。如果在海上航行 3 个月，积累起来的差别就会达到 200 多千米。这个距离已经大大超过了英吉利海峡的宽度，对航海来说非常危险。更何况，在海上航行时，笨重的座钟根本不可能时刻保持最佳的运行状态，也不可能有专业的技术人员每天提供精密的维护工作。船员面对的实际情况是，航行一段时间之后，船上的钟表就基本成了摆设，实际时间只能靠猜。

天文学家当然不能忍受这样的困境，所以发明了更精确的经度测量方法——月距法。月亮每天在天空中出现的位置是有规律可循的，熟练的天文学家可以通过一系列计算列出月亮每天的位置，再把这些数据印刷成表格出版。航行的时候，船员专门观察月亮相对于其他恒星的位置，再查询天文学家提供的表格和公式，就可以算出此刻身在何方。月距法需要计算和大量观测，看起来挺复杂，但实际上挺管用。月亮在天空中的位置变化规律有18年的周期，所以只需要前辈天文学家历经18年的观测，把全部数据汇总起来，再利用当时已经很成熟的印刷技术将其批量印刷成手册，理论上就可以给每个人提供一套月距法操作说明。这样的手册在当时花不了多少钱就可以买到。

月距法在地面上实验完全可行，但到了海上就复杂了。航行中因海浪引起的颠簸，对测量的精确度是极大的干扰。

月距法好用，但不怎么精确。钟表法有可能比较精确，但当时的技术水平制作不出精密的时钟。经度的测量就这样陷入了僵局。人们看着时时传来的海难或失踪的新闻，已经见怪不怪了。皇家海军元帅牺牲后，英国政府下定决心一定要解决经度测量的难题。[3]议会很快通过了《经度法案》，向全世界悬赏能够准确测量经度的方法，还为此成立了经度委员会，用于审查社会各界提交的方法，管理奖金。测量经度的方法当然是越精确越好。为了鼓励对精确度的追求，《经度法案》规定：经度测量的误差在1度以内，可以获得1万英镑奖金；误差在三分之二度以内，可以获得1.5万英镑奖金；误差在半度以内，可以获得2万英镑奖金。18世纪初的2万英镑，是当时船长年薪的200倍，其购买力相当于今天的1亿元人民币。[4]经度委员会的成员包括议会中德高望重的贵族、皇家天文学家、剑桥大学的数学家和海军将领。[5]

经度奖金最有力的竞争者是钟表法和月距法。

当时的皇家天文学家马斯基林是经度委员会的成员，他也和之前的天文学家一样，极为推崇月距法，对钟表法不屑一顾。马斯基林毕业于剑桥大学，曾经做过英格兰教会的牧师，还担任过一所学校的校长，后来入选了英国皇家学会、美国科学院和法国科学院，是世界上第一个精确测定地球质量的人。

他在前辈探索的基础上进一步完善月距法的计算公式，检验了大量数据，最终编定了英国当时使用的航海手册。也就是说，马斯基林既是月距法的拥护者，同时又是经度测量悬赏的裁判之一。英国的每一艘远洋舰船上都携带着由马斯基林编纂的月距法经度测量手册。身兼裁判员、运动员和教练员的马斯基林，对这场竞赛的奖金势在必得。

月距法的原理需要测量月亮和恒星的位置，再将其代入计算公式或查表得出结果。现代天文学可以证明，这样的方法受到月亮位置的观测误差和星空本身的时间误差的影响，最精确的情况下会在航海过程中造成 28 千米的距离误差。马斯基林使用月距法在实际测试中的误差是 30 千米左右，已经接近了月距法所能实现的极限水平。

马斯基林唯一的想法就是继续完善月距法的计算方式，把数据测量得更精确一点，把公式推导得更简化一点，把手册印刷得更简明一点，把颠簸的海面上测量月亮的仪器制作得更稳定一点。多年来，马斯基林一直在努力实现这样的改进工作。他觉得，得到奖金只是时间问题。作为皇家天文学家，他的驻地位于伦敦郊外的格林尼治天文台。他出版的航海手册和航海天文年历计算出的经度基于格林尼治天文台的观测，所以此后，世界经度的起算点就在格林尼治天文台。至此，穿过伦敦和格林尼治天文台的这条经线成为0度经线，也就是本初子午线。

但马斯基林没想到，他遇到了一位强有力的竞争对手——钟表匠哈里森。

哈里森意识到，解决经度问题的核心是制造出走时精确的钟表，无论是海上的颠簸、海水的侵蚀、长时间的使用，都不能影响钟表的稳定运行。要达到这样的目的，就必须放弃粗笨的座钟，研制小巧便携的袖珍钟表。哈里森一次又一次地钻研钟表的工艺，从他的第一代产品H1，到经反复实验制造出的H4，走时越来越精准，整个钟表的结构越来越紧凑，体积和重量越来越小。哈里森的H4钟表的直径只有13厘米，相当于我们今天家用的一台小闹钟。这样的钟表不需要反复调校维护，也取消了累赘的钟摆，特别适合随身携带。但问题是，它太贵了。

哈里森耗尽毕生精力钻研钟表技术，为了解决精确度的问题不计代价。他的钟表里会使用钻石、切割精细的金属丝、特定曲率的曲柄。为了把钟表做得尽量小巧轻便，需要使用大量精密加工的零件，手工制作的成本极高，而且难以批量生产。哈里森发明的这种钟表最初的时候成本相当于整艘船价格的三分之一。这是无论如何都无法被接受和普及使用的。反观马斯基林的月距法，优势就很明显了。船长只需要随身携带一本书就能解决问题，批量印刷的计算手册非常便宜。

面对哈里森的竞争，马斯基林在经度委员会也是这样说的：《经度法案》的目的绝不仅仅是先锋的思想实验，而是真正解决航海中的实际问题。委员会的委员依然钟情于月距法。

除了价格和量产的问题之外，马斯基林代表的经度委员会更关心的是钟表的内部结构和科学原理。航海测试证明，哈里森的钟表的确表现良好，误差很小。但是，怎么证明这不仅仅是一次巧合呢？在缺少足够多数据支持的情况下，怎么证明在未来每一次的航海中，这只钟表都能走时准确呢？

马斯基林站在天文学家的立场上，对哈里森提出越来越苛刻的要求。他要求哈里森提供钟表的全部图纸和技术细节，转让全部的专利知识产权，供经度委员会研究分析使用。马斯基林还要针对哈里森的钟表进行反反复复的航海测试。因此，经度委员会给了哈里森几次规模较小的奖金以示鼓励，但始终没有将最终的大奖授予他。

马斯基林并不是故意排挤竞争对手。作为天文学家，他当然要为科学的严肃性负责。我们追求的不是能管用几次的神秘小盒子，而是人类认知上的飞跃，是能够普及的飞跃。所以，马斯基林确实有责任对钟表的里里外外进行必要的检查，在依法奖励哈里森之前设立科学上的种种标准。

哈里森没有放弃，他研制了新一代的钟表 H5，还上诉英国国王，要求获得自己应得的荣誉。在国王的协调下，马斯基林也完成了对哈里森钟表的检测工作。经度委员会最终将全额奖金和解决经度问题的最大荣誉授予了钟表匠哈里森。

马斯基林继续在皇家天文学家的职务上编写每年的天文年历和航海手册，用他痴迷的月距法为航海事业服务。马斯基林始终坚持，测量经度最可靠的方法就是月距法。这不仅是他一个人的想法，每一代皇家天文学家和大部分精英学者都相信这一点。英国格林尼治天文台出版《航海天文年历》的工作一直持续到20世纪。资深的船长都以会观测、计算和检索航海历表为荣。

但是，马斯基林失算了，那一代的天文学家都失算了。他们不曾想到，随着实际需求的大增，英国的工业能力直线上升，批量生产哈里森的钟表已经变得越来越容易。一只航海钟的价格从最初的天文数字，很快就下降到几十英镑，这个价格是当时一名熟练工人一年的收入。随着工艺的进步和制作技术的普及，航海钟的质量也越来越稳定。花费一个工人的年薪购买一只航海钟，使用几十年也不会损坏，可以一劳永逸地解决航行中的生死问题，所有船长都会认为值得。而且，在航海钟制造过程中，可以调整加工的工艺，生产出精确度稍差一点的航海钟，作为低配版用于近海短途航行，价格就可以更低。

马斯基林和他的同行观测、计算、统计了一辈子，却始终用静态的眼光看待世界。他也许是当时天文学观测领域的最高权威，可以精确预测十几年后任意一天月亮的方位，但显然没有能力预测人类社会的真实需要和工业革命带来的翻天覆地的变化。

社会似乎比星空更复杂。

数星星测量宇宙

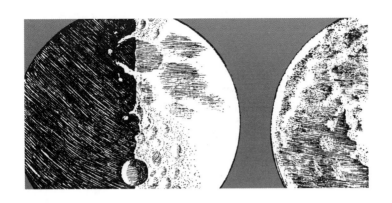

威廉·赫歇尔

英国天文学家、皇家天文官、音乐家

　　1738 年，威廉·赫歇尔在汉诺威出生。他出生于音乐世家，是家中第四个孩子，他父亲伊萨克·赫歇尔在汉诺威侍卫兵团的军乐团吹奏双簧管。家里的长子雅各布后来子承父业，加入军乐团吹奏双簧管。小威廉在这样的家庭氛围中长大，4 岁就可以站在桌子上拉小提琴，后正式加入父兄所在的军乐团。军乐团曾经应邀访问英国，当时正值欧洲七年战争期间。在法国的威胁下，汉诺威侍卫兵团被召回德国，参加哈斯滕贝克战役。赫歇尔一家身处火线，随时面临生命危险。在数不清的夜晚，音乐家们把帐篷搭在泡过水的田间宿营。汉诺威侍卫兵团在失败后的混乱中溃散，没有人关心几位音乐家的处境。为了保护自己的儿子，伊萨克建议威廉离开军团，逃到英国去。威廉还年轻，没有真正宣誓服兵役。但为了保险起见，父亲还是想办法争取到了一份由兵团上校签署的退伍文件。[1]

逃到英国的威廉·赫歇尔只有 19 岁，身无分文，靠给别人抄写乐谱勉强糊口。后来，威廉在哥哥雅各布的介绍下加入了约克郡的小乐团，靠演奏为生。随着威廉的音乐才华逐渐凸显，他先后服务于越来越知名和专业的乐团，靠自己的勤奋努力，教授音乐课、作曲、演奏、组织排练，变得越来越忙。终于在巴斯安顿下来后，威廉回汉诺威探亲。这时，父亲已经去世，威廉将弟弟亚历山大和妹妹卡罗琳带回英国，和自己一起生活。

35 岁的威廉·赫歇尔与家人团聚，在英国站住了脚。从这个时候开始，威廉迷上了阅读科学和数学类的书籍，其中还有不少天文学著作。他花在音乐上的时间慢慢减少，花在观察星空上的时间却越来越多。威廉对科学的兴趣并非一时兴起。在他还小的时候，汉诺威的家里就总有全家人讨论自然问题的美好时光。妹妹卡罗琳很多年后还记得自己 6 岁的时候总能在家里听到莱布尼兹、牛顿和欧拉这些名字。

当时，望远镜还是比较昂贵的东西，音乐家的收入难以负担奢侈的望远镜。威廉·赫歇尔另辟蹊径，自己动手制造望远镜。很快，家里的每个房间都变成了小工厂。他们找来的木匠在客厅里制作镜筒。弟弟亚历山大有机械才能，负责研磨镜片。威廉创作歌曲、交响乐，教音乐课，给家庭带来收入。而妹妹卡罗琳给兄弟俩提供协助。手里的工作不能停，大家就分批吃饭。有时候，威廉根本来不及放下手头的事，也顾不上吃饭。威廉每个星期要教授30~40节私人音乐课，举办一系列音乐会，还要找到灵感创作新曲子。兄妹三人每天共同工作16个小时，制造了好几台性能卓越的望远镜。根据威廉自己的回忆，他在巴斯生活期间，制造了200多台2米焦距的望远镜、150台3米焦距的望远镜、80台6米焦距的望远镜。这些望远镜除了他自己使用和送给附近的朋友之外，大部分被卖给了欧洲各地的天文学家，为家里进一步增加了收入。

在小城巴斯国王街19号的房子里，威廉·赫歇尔开始利用自己制造的望远镜系统性地观测星空。他一开始用得最趁手的是焦距为2米的望远镜。他用望远镜扫描夜空中的每一个角落，将观察到的目标进行记录和分类。一开始，这样的工作显得新奇有趣。但时间一长，最有经验的天文学家也会觉得乏味无聊，可作为业余票友的威廉却乐此不疲。当时的天文学家热衷于用望远镜搜寻两类特殊的天体，一类是彗星，另一类是双星。

1705年，英国皇家天文学家哈雷出版《彗星天文学论说》，利用牛顿万有引力定律反复推算，并预言，出现在1531年、1607年和1682年的三颗彗星可能是同一颗彗星的三次回归，以约76年为周期绕太阳运转。该彗星后来被称为"哈雷彗星"。彗星受到牛顿揭示的万有引力的作用，沿着开普勒画出的椭圆形轨道运动，精准地证明了当代科学的伟大精妙。但同时，人们对彗星的形成、内部组成和具体的数量等情况又一无所知。彗星成了那个时代既科学又神秘的矛盾体，备受天文学家的追捧。谁要是能独立发现一颗新彗星，就会收获巨大的荣誉，也会丰富天文学认知的经验库。双星就更奇怪了。我们的太阳是实打实的单颗恒星，距离太阳最近的另一颗恒星远在 4 光年之外。但宇宙里有太多的恒星成对儿出现，这就是双星——两颗恒星彼此靠近，甚至相互绕转。根据牛顿的理论，两颗恒星之间的引力会唯一而精确地决定它们的绕转情况，而两颗恒星的间距和质量又会唯一而精确地决定引力。天文学家敏锐地发现，研究双星，就有机会精确计算出每颗恒星的质量。

威廉初入天文学的门庭，也选择了彗星和双星这两大类最热门的目标作为自己探寻的方向。搜索新目标，必须对天空进行地毯式的扫描，可以重复，但绝对不能遗漏。这看起来又是非常花力气的枯燥工作，但威廉干起来废寝忘食。

1781 年 3 月 13 日晚上，威廉·赫歇尔在国王街的家里用他的 2 米焦距、16 厘米口径的望远镜观测夜空。他在望远镜里注意到，在金牛座的天关星附近有一个小光斑。它看起来不像普通的恒星缩成一点，也没有像双星那样呈现出两个分离的光点，而是模模糊糊的一小块，像彗星的光斑，却是圆形，没有显示出彗星的长尾巴。从 13 日到 17 日，威廉对着这个目标连续观测了几天，发现它会在恒星的背景上移动，这更确认了它不是恒星和星云，而是太阳系内的彗星。威廉把他新发现的"彗星"报告给皇家天文学家马斯基林。4 月 23 日，威廉收到了马斯基林的回信："我不知道该怎么称呼它。它很可能是一颗在接近太阳的圆形轨道上运动的普通行星，也很可能是一颗在非常偏心的椭圆中运动的彗星。我还没有观测到它有任何彗发或彗尾的迹象。"[2]

马斯基林认为行星和彗星都有可能，但没有观测到彗发和彗尾这样的彗星典型特征。难道马斯基林觉得威廉发现了一颗新的行星？这真是大胆的想法，谦卑的威廉自己不敢有这么奢侈的希望，他仍然觉得自己发现的是彗星。在俄国工作的芬兰天文学家莱克塞尔利用威廉的观测数据计算了新目标的轨道。结果是，新天体在一条近似圆周的轨道上围绕太阳运动。这就意味着，新天体只能是一颗大行星，一颗与地球、火星和木星一样级别的大行星，一个新世界。新行星的发现很快被欧洲天文学家普遍接受。威廉也承认，自己发现的不是彗星，而是行星。

赫歇尔发现的新的行星，也就是后来命名的天王星。他很快就成了全世界最著名的天文学家，个人荣耀达到顶峰。他获得英国皇家学会颁发的最高科学奖科普利奖章，并入选英国皇家学会；乔治三世接见了他，并授予他"皇家天文官"职务，年薪200英镑，邀请他搬到王室所在地温莎居住，以便王室成员可以随时使用他的望远镜。他受封为骑士，参与组建了后来的英国皇家天文学会，任首任会长。他入选了瑞典皇家科学院和美国科学院。月亮上的一处环形山、一颗小行星、火星上的一块盆地和土星光环的一处缝隙分别用他的名字命名。

从难民到勉强实现温饱的乐师，从爱好天文学的德国"逃兵"到英国国王的骑士，赫歇尔靠勤劳的笨功夫彻底改变了自己和家人的命运。成为皇家天文官的赫歇尔还在继续天文观测工作，制造出了1.2米口径的望远镜。这台望远镜成为当时世界上尺寸最大的望远镜，这项世界纪录保持了 50 年。他用这台望远镜发现了土星的两颗卫星。

赫歇尔继续使用地毯式扫描的办法观测整个天空。这一次，他要完成一项前无古人的伟大任务：测绘宇宙的形状。这里所说的宇宙当然不是今天我们理解的整个宇宙，而是他的望远镜所能观测到的大量恒星的集合，也就是银河系。在赫歇尔生活的年代，人类还没有能力离开地球表面，对太阳系的认识也仅仅限制在土星轨道之内。而赫歇尔面对的宇宙，也就是我们今天所知的整个银河系包含几千亿个像太阳这样的天体，横跨几十万光年的距离。赫歇尔挑战银河系，怎么看都像是天文学版本的蚍蜉撼树。他要怎么做呢？答案是数星星。赫歇尔完成这么重大的任务所用的方法是如此简单。他把天空划分成相同面积的小格子，相邻的小格子有部分面积重叠。他要用望远镜一个格子一个格子地观测，数清楚每个格子中的各类恒星总数，然后将数据列表和绘图。他的基本思路特别简单，假设恒星本身的发光能力都差不太多，那么我们观测到的恒星的明暗区别就反映了恒星到我们的距离远近。只要统计一下不同亮度的恒星数量，就可以知道在不同的距离上分布着多少颗恒星。在天空中的每一个格子里都完成这项工作，就可以绘制出一幅三维的宇宙星图。

1785 年元旦那天，赫歇尔在《皇家学会通讯》上发表了自己的结论：[3]

银河系呈圆盘状，太阳位于圆盘中心，在圆盘的一侧有一个明显的分叉结构。

赫歇尔用数星星的方法，首次探索了银河系的形状，并得出了确定的结论，这真是激动人心。只是，他的结论完全错了。太阳不在银河系的中心，银河系里也不存在赫歇尔所描述的那种分叉结构。赫歇尔错在哪儿了呢？

直到今天，天文学家还在广泛使用数星星的方法。只不过，与赫歇尔不同的是，现代天文学家会在赫歇尔方法的基础上做出两项改进。第一项改进是，在真实的宇宙中，并非每颗恒星的发光能力都完全一致，所以不能假设恒星的亮度完全反映了恒星到我们的距离。现代天文学家的做法是，根据恒星的颜色和很多其他参数，综合推断出它的发光能力，用计算出来的发光能力和观测到的亮度共同推断距离。第二项改进是，宇宙并非完全透明的，星光在抵达地球之前，会在星际空间中衰减。弥漫在星际空间中的尘埃和气体将星光吸收和散射掉了。因此，真正使用数星星的方法时，还必须修正星际空间的星光损失。赫歇尔的结论中最重大的错误就是没有考虑星光损失。

赫歇尔去世 25 年之后，俄国天文学家斯特鲁维才在观测中首次注意到星光损失的现象。[4] 直到 20 世纪 30 年代，美籍瑞士裔天文学家罗伯特·朱利叶斯·特朗普勒才开始正式记录和研究星光损失的问题。星际之间的弥漫物质造成的星光损失，已经成了天文学中非常重要和关键的研究方向。天文学家把这种星光损失称为星际消光。在可见光的波段，紫色光的消光效果比红色光更强烈。遥远的星光穿透层层迷雾一样的星际介质之后，残存的能量会偏红，所以星际消光还通常伴随着星际红化。

当考虑了星际消光之后，我们就会接纳自己处在一种尴尬的境地中。无论用多大的望远镜，有些东西永远无法被观测到。如果星际介质和星际消光在银河系里均匀分布，那么距离越远的恒星的星光衰减得越严重。银河系深处，尤其是靠近银河系中心的区域，和我们之间隔着多重星际介质，所以这些区域的星光严重减弱。也就是说，赫歇尔数星星的时候，其实根本没有机会统计到整个银河系的全部恒星。他力所能及的观测范围仅仅是太阳附近的一小块消光不太严重的区域。在这一小块区域里，太阳也就自然而然地成了中心。而银河系真正的中心所在的方向上，聚集着更多的尘埃和气体，那里的消光更严重，以至于望远镜完全无法看透后面的天体。所以，在赫歇尔的视野里，银河系真正的中心方向显示成了空无一物的分叉结构。

现代天文学利用可见光之外的其他波段重新观测那些区域，才真正有机会看见银河系中心的样子，甚至可以看透那些区域，了解银河系另一侧的面貌。要看透星际尘埃和气体的遮挡，就必须使用比可见光的波长更长的波段，也就是红外线和无线电波段进行观测。

在发表银河系结构的研究结果之后很多年，赫歇尔无意中取得了一项新发现。他注意到，在彩虹的红色光带之外看不见光的区域，温度计显示的温度也会升高，也就是说，这个区域存在着肉眼不可见的"光"。赫歇尔把红光之外的这些看不见的光叫

"红外线"。[5] 红外线恰恰是天文学家研究星际消光和突破消光的障碍直达银河系中心的有力武器。可惜，赫歇尔没能进一步应用他发现的红外线。

赫歇尔没能正确理解银河系的形状和结构，这是他在天文学事业上的巨大失败，他本人甚至都没有意识到这一点。在用数星星的方法探索银河系结构之前，他制造了几百台望远镜，包括全世界最大的望远镜，发现了一颗行星和四颗卫星，将太阳系的范围扩展了一倍，成为全世界最著名的天文学家之一和欧洲天文学的领袖人物。即便如此，赫歇尔也没有停下探索的脚步。年轻时养成的下笨功夫的习惯，在老年赫歇尔心中依然是最重要的行事原则。他放下发现新世界的荣誉，重新披挂上阵，去挑战从未有人尝试过的难题。我们从理性上权衡利弊，当然明白这样的挑战大概率不会成功。英雄迟暮，盛宴已过，而面对的题目本身又处于当时人类的认知范围之外。可那又如何呢？赫歇尔从来都不是为了成功而工作的。

今天依然有很多天文学家在论文里沿用数星星的方法。星际消光的研究就根植于赫歇尔银河系结构中的奇怪分叉。少年曾经战胜过恶龙，但少年老去，竟然有勇气面对比恶龙更神秘莫测的深渊。也许在赫歇尔敢于向望远镜里凝视深渊的那一刻，他就已经成功了。

精彩的○选项

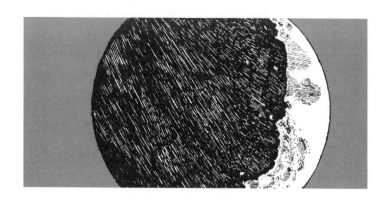

于尔班·勒威耶

法国天文学家、巴黎天文台台长

Urbain Jean Joseph Le Verrier
1811—1877

蒙帕纳斯公墓位于法国巴黎圣日耳曼德佩广场南部，与拉雪兹神父公墓和蒙马特公墓并称为巴黎三大公墓。蒙帕纳斯公墓是法国文艺知识界许多精英的安葬之处。批判现实主义作家莫泊桑、数学家庞加莱、存在主义哲学家萨特和波伏娃等人都长眠于此。它也是安葬和纪念因公殉职的警察和消防员的地方。[1]

蒙帕纳斯公墓现在看起来有点拥挤，大大小小的石雕墓碑立在一起，和巴黎常见的枫树共同怀念着往日的繁荣。在众多墓碑之间，有一座看起来尤其与众不同：长方体的石雕墓碑有一人多高，一个大球形的雕塑位于长方体的顶端。球形雕塑的腰线一圈有精细的浮雕。细数一下，浮雕上足足有 12 个图案连成一串，它们是从白羊座到双鱼座的 12 个星座。大球稍稍倾斜，庄重中略带一点机巧。

墓碑正面阴刻着墓主人的姓名、生卒年和生前的职务，这个名字在他所属专业领域之外的大众流行文化中不算太著名。大球形的墓碑本身已经足以让游客好奇，而墓主人的职务更是增加了一丝神秘感。

于尔班·勒威耶

巴黎天文台台长

1811—1877

方便起见，我们在这里称呼他勒威耶。勒威耶出生于中产家庭，在巴黎综合理工学院读化学专业，毕业后在塞纳河边的国营烟草厂当工程师。理工学院给了勒威耶严格的数学逻辑训练。但相比化学专业，勒威耶更感兴趣的是天文学。更具体地说，吸引勒威耶利用业余时间自发搞研究的课题是关于太阳系的稳定问题。[2]

我们所在的太阳系包括中心天体太阳，以及围绕太阳运转的大行星、小行星、彗星和大行星的卫星，再加上尘埃、陨石和其他不速之客。它们共同构成了一个庞大的系统。勒威耶感兴趣的问题是，这个系统稳定吗？稳定是物理学概念，用更加通俗的语言解释，勒威耶想知道的是，我们现在观测到的太阳系的基本结构能长时间保持不垮掉吗？过上几千年、几万年，地球会不会一头栽到太阳上？火星会不会突然和木星撞在一起？小行星或彗星会不会成群结队地逃离太阳系？

牛顿已经帮助人类洞悉了一些重要的科学规律。比如，两个物体之间的引力大小与这两个物体质量的乘积成正比，与它们距离的平方成反比。这条规律经过不算太复杂的运算和微积分的技巧，就可以推导出天文学家开普勒发现的另一些规律。比如，行星围绕太阳运动的轨道是椭圆，太阳在椭圆的一个焦点上。再比如，行星公转周期的平方同轨道半长径的立方成正比……

但是，勒威耶想追问的是，这些规律当中有没有隐藏着时间的魔法？这些所谓的规律是否假意逢迎人类的探究，背地里却成了时间的奴仆？一旦时过境迁，这些看似牢不可破的规律是否真的能毫不动摇？虚假的规律，向时间屈膝；真正的规律，做时间的主人。吴国盛老师在《时间的观念》中说："规律行使的地方，时间的意义便退居第二，因为规律要求时间不发表意见、不显示自己，要求时间不露痕迹。"[3]

太阳系当然还算得上稳定。但在勒威耶出生前，他的法国天文学家前辈约瑟夫·拉格朗日和皮埃尔-西蒙·拉普拉斯已经大胆发展了牛顿的力学体系，创建了一门新的学科，专门用来计算太阳系中的太阳、行星和卫星之间的相互作用和轨道参数。这门学科用拉普拉斯的著作《天体力学》来命名。天文学家利用一整套数学公式，只需要知道为数不多的几个基本参数，就能完全了解天上一颗行星的全部运动轨迹，可以预测未来的某一天它位于天空的何方，也可以追溯在历史上的某一刻，它身在何处。勒威耶尤其热爱天体力学。在卷烟厂工作的时候，他的数学才能不仅应用在烟草加工上，而且会指向天空。

在勒威耶成长的时代，牛顿才离开人世100多年，在此基础上发展起来的天体力学刚刚诞生二三十年。从牛顿到拉普拉斯，到拉格朗日，再到勒威耶，一切都发生在一个世纪以内。人类猛然发现，宇宙的规律可以仅凭几个有限的公式就完整把握。知识界对此惊魂未定，整个社会进入了全新的时代。我们不妨把这个时代称为人类的"智慧自信"时代。在牛顿身后的这一个世纪，人类第一次发现，仅凭自己的大脑运算，就足以理解天界的运转法则。人类就像刚上学没几天的孩子，放下了手里的玩具，被智慧与理性的力量震撼得如痴如醉，又自信满满。我们给牛顿的结论起了一个骄傲的名字，叫"万有引力"。苹果落地和月亮旋转，甚至是遥远的彗星和木星的卫星，都遵循着完全相同的法则，宇宙不过是"万有"宝库中的不同案例，是苹果落地的大尺寸版本。

勒威耶遥望一个世纪前的牛顿，再看看自己，也是自信满满的样子。自信的勒威耶告别了卷烟厂，加入了巴黎天文台。

他用行星的位置数据，代入天体力学的公式做验证。金星、地球、火星、木星和土星，都在误差能接受的范围内老老实实地运行。也就是说，天体力学公式预测的行星位置，与实际观测的位置完全相符。这真是一拍即合，皆大欢喜。观测和理论的符合，既能证明观测技术的精致，又能证明理论的完美。但水星和天王星成了害群之马。就当时而言，水星位于最内侧，离太阳最近。

天王星位于最外侧，离太阳最远。就在这冰与火的两极，水星和天王星的运行轨道似乎有些不太规矩，理论计算的位置和实际观测的位置偏差比较明显。

理论和观测，到底哪个错了？

勒威耶此刻只有两个选择：牛顿错了，或者观测数据错了。如果选择牛顿错了，牛顿体系已经确认的无数现象要怎么解释呢？用牛顿理论计算确认的哈雷彗星要怎么理解呢？理论可以完美解释的另外5颗行星怎么办？可如果选择观测数据错了，全世界的天文学家苦心孤诣建造的一代又一代大望远镜，一代代继承和完善的观测技术，比银行业记账还要严格的观测资料记录和保存模式，都靠不住了吗？

两难中的勒威耶哪个也没选，他不敢放弃牛顿，也不甘心放弃观测，他选了 C 选项。

勒威耶的 C 选项是：牛顿是对的，观测数据也没错。天王星的运行不正常是因为在天王星的轨道之外，还隐藏着另一颗行星，这颗行星的引力干扰了天王星。它离太阳更远，反射阳光更少，看起来更暗一些，所以我们还没有发现它。而且它在更大的轨道上围绕太阳运转，所以跑得更慢，即便被发现，也可能被混同于一般的恒星。

这真是一个天才的选项。勒威耶在什么也没舍弃的情况下，闯出了一条新路，而且看起来很有道理。

新选项发表之后，没有引起太多人的关注。主要原因是勒威耶名不见经传。他自己所在的巴黎天文台台长也劝他放弃离谱的想象。远在德国的柏林天文台却愿意帮他观测。天文学家约翰·格特弗里德·加勒用望远镜指向勒威耶预测的位置，真的发现了星图上没有标记过的一个新天体。经过后续的一系列观测和计算，新天体被确认为太阳系内的一颗行星，大小接近天王星的尺寸，到太阳的距离比天王星更远，一切都让勒威耶说中了。[4]这就是海王星。

中了头奖的勒威耶一举成名，成了世界上最重要的天文学家之一，也成为巴黎天文台台长，被人赞誉为"用铅笔发现了新行星"。天王星的问题解决了，但故事还没完。水星怎么办呢？

前有牛顿、拉普拉斯和拉格朗日的理论坐镇，后有自己的新发现撑腰，勒威耶在这个自信的世纪比谁都更自信。他利用天王星的轨道异常情况发现了捣乱的海王星，完全相同的处理方式，也一定能让他利用水星的轨道异常情况再发现一颗捣乱的新行星。为什么这颗给水星捣乱的家伙还没被人类发现呢？因为它离太阳太近了，大多数时间都隐没在太阳的光芒中，难以被观测。

心急的天文学家给这颗想象出来的行星起了个名字。他们认为新行星距离太阳更近，那一定热得吓人，就像身处熊熊烈焰中的火神伏尔甘。在中文语境中，我们用中国神话中的火神祝融与之对应，把伏尔甘翻译为祝融星。

这下可好，祝融星成了天文学家热议的顶流话题。那个年代要是有热搜榜单，前五名一定是"祝融星定名"、"巴黎天文台发表祝融星证据"、"勒威耶声明"、"祝融星引发观测热"和

"多国修改教科书，加入祝融星"，而且热度持续好几年。

全世界的天文学家都被号召起来，寻找太阳系中的新天体。他们兵分两路，负责理论计算的一派都在利用牛顿的万有引力定律和拉普拉斯的天体力学知识。这一派的代表人物除了勒威耶之外，还有众多资深的物理学家和数学家，比如苏格兰科学家托马斯·迪克和法国科学院院士、索邦大学教授、发明巴比涅透镜、提出巴比涅原理的雅克·巴比涅。

另一派负责观测。他们打磨更精确的镜片，制造更精巧的望远镜，组织更庞大的观测队伍，长途跋涉到更荒芜的土地上，观测太阳和太阳附近的天空。加入这一派的更是一批重量级的天文学家：伯尔尼天文台台长、两所大学的教授、研究太阳黑子的权威马克西米利安·弗朗兹·约瑟夫·科尼利厄斯·沃尔夫，《天文学杂志》创始人、阿根廷天文台创始人、天文照相技术发明者本杰明·阿普索普·古尔德，以及美国底特律天文台台长、教授、美国科学院院士詹姆斯·克雷格·沃森……

毫不夸张地说，从 19 世纪最后几十年开始，一直持续到 20 世纪初，世界天文学家共同面临的最热门的研究课题就是寻找祝融星。一方面，牛顿和拉普拉斯的地位不可动摇，无数彗星轨道、小行星和海王星的发现都证明了这一点。另一方面，谁都想效仿勒威耶，为行星家族增添一个新成员，也让自己成为世界天文学家的领袖。

但事实并不像勒威耶期待的那样。

在他后半生的几十年里，世界各地时常有人报告发现了祝融星，但进一步跟踪观测后又总会丢失目标。勒威耶穷其一生，也没有找到祝融星。他因发现海王星而功成名就，但直到离开世界的那一刻也不明白，他穷追不舍的祝融星到底躲哪里去了。这实在是勒威耶最大的遗憾。

勒威耶被安葬在蒙帕纳斯公墓后第四十年，就在当初帮助勒威耶发现海王星的德国柏林，年轻的爱因斯坦顶着蓬乱的头发走上普鲁士科学院的讲坛，证明了水星轨道的异常不需要另一颗行星的干扰，水星自己就具备不安分的特质。爱因斯坦的广义相对论证明，离太阳太近时，因为引力太强，必须对牛顿的理论做出修正。爱因斯坦写完公式后，扔下了粉笔，祝融星被一击而亡。简单地说，在特定情况下，牛顿错了。当年被勒威耶放弃的 A 选项才是水星问题的正确答案。

勒威耶成功地发现了海王星，却在解决水星问题时失败了。他揪住了海王星，却搞错了祝融星。就在这一得一失之间，人们发现，同样的规则适用于太阳系中广阔范围里的大部分行星，却在水星身上彻底失效了。失效的原因只是水星离太阳太近。所以，牛顿的理论和需要修改的牛顿的理论，只是同一种规律在不同环境中的两种表现形式。一旦我们可以用更广阔的视野看待太阳系，所有的现象就都可以融合起来。

水星的问题解决了，让我们再看看勒威耶的失败。

用科学的语言来说，勒威耶的 C 选项没有改变任何现存的科学范式，却用发展的眼光预言了尚未发现的新因素。这是非常高级的科学思维。更厉害的是，这个选项自带检验方法。我们只要用更厉害的望远镜更细心地观测，找到这颗隐藏的新行星，就可以证实 C 选项的正确。反过来，如果根本找不到目标，C 选项就没有可靠的证据支持，也就成了不可靠的理论。这种理论自带可以证伪的方法，符合科学的底层规则。这一思维方式的唯一缺陷是，它太好用了，用久了容易让人上瘾。

C 选项的思维方式使勒威耶发现海王星，也让他止步于祝融星。勒威耶的失败，不是失败于科学探索的态度，也不是失败于不够开阔的眼界。他的失败，同时也是当时大部分天文学家的失败，是集体的思维定式，是人类对成功方法的依赖。也只有爱因斯坦这样的头脑，以及相对论这样的颠覆，才能彻底解决祝融星的问题。也就是说，反复依赖某种成功的方法，反而阻碍了更多的创新，更大的突破必须依靠更具颠覆性的理念。

勒威耶的失败，也许只是某种更大成功的前奏。

丢了一颗小行星

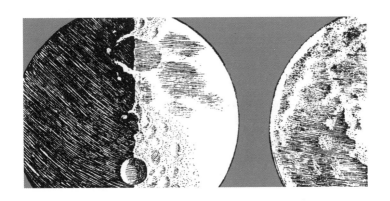

朱塞佩·皮亚齐

意大利神父、神学教授、天文学家

Giuseppe Piazzi
1746—1826

西西里岛是地中海的第一大岛屿，属于意大利南
部的西西里大区。岛上的埃特纳火山海拔 3 323 米，
是欧洲最高的活火山，也是世界上最活跃的火山之
一。18—19世纪，西西里先后被萨伏依王朝、奥地利、
西班牙和法国波旁王朝统治，直到 1861 年才成为意
大利的一部分。在古代神话中，西西里这片土地的守
护神是农神的女儿、众神之王朱庇特的姐姐、十二主
神之一谷物之神，她也是欧洲人最喜爱的女神之一。
她教会了人类农耕技术，赋予大地勃勃生机。她在希
腊神话中的名字是得墨忒耳，在罗马神话中的名字是
刻瑞斯。她象征着谷物，就像西西里岛上广泛种植的
小麦和玉米。[1]

太阳系里的一颗小行星以女神刻瑞斯的名字命名，它的轨道位于火星和木星之间。它1 682天围绕太阳一圈，天文学家称它为谷神星。谷神星最亮的时候，亮度也低于肉眼所能看到的极限。所以在望远镜被发明之前，人类没有机会感知到谷神星的存在。

在西西里总督卡拉马尼科亲王的建议下，两西西里国王斐迪南一世决心建立一座自己的天文台，招纳优秀的天文学家来到西西里工作。当时，西西里是个偏僻的所在，欧洲大陆的贵族精英和学者都不屑于到访这样的荒凉之地，更别提奉献自己的一生了。如果没有丰厚的待遇，恐怕新天文台很难招揽到优秀的人才。经过几轮选聘，当地天主教会的神父、神学教授和天文学家朱塞佩·皮亚齐成功当选新天文台台长。历史上著名的巴勒莫天文台宣告成立。国王将筹备建造巴勒莫天文台的相关权限授权给皮亚齐后，皮亚齐走马上任。[2]

为了打造一座像样的天文台，皮亚齐决心购买最优良的天文学仪器。他遍访欧洲大陆，从巴黎到伦敦，结识当时著名的天文学家。卡西尼、惠更斯和马斯基林等人都成为他的朋友。皮亚齐在伦敦拜访了比自己年长11岁的科学仪器制造大师杰西·拉姆斯登，请他为建设中的巴勒莫天文台打造大型天文观测仪器。这台仪器叫拉姆斯登环，是将一台7.5厘米口径的望远镜安装在精确转动的经纬度坐标环框架内，可转动的坐标环框架直径1.5米。利用这样的仪器，天文学家可以精确分辨天空中一个角秒的角度偏差。1789年，拉姆斯登为皮亚齐定制的天文观测仪器完工，被运送到巴勒莫天文台安装。[3]

第二年，巴勒莫天文台正式落成，皮亚齐开始在巴勒莫天文台持续进行观测工作。拉姆斯登的仪器投入使用 10 年后，即 1800 年 11 月 5 日，65 岁的拉姆斯登在英国布莱顿去世。[4]

在此之前，人类已经认识了水星、金星、地球、火星、木星和土星这 6 颗太阳系里的大行星。天文学家提丢斯和约翰·波得发现，这 6 颗大行星到太阳的距离似乎遵循着某种数学规律。如果把土星到太阳的距离当成 100 个单位，那么水星到太阳的距离就是 4 个单位，金星到太阳的距离是 4+3=7 个单位，地球到太阳的距离是 4+6=10 个单位，火星是 4+12=16 个单位，木星是 4+48=52 个单位，土星正好是 4+96=100 个单位。也就是说，每颗行星到太阳的距离都是 4 加上 3 的倍数，3 的倍数依次倍增。水星不加倍，金星要在 4 的基础上加 1 倍的 3，地球要在 4 的基础上加 2 倍的 3，火星要在 4 的基础上加 4 倍的 3，以此类推。[5]

提丢斯和波得提出的这条定则也被一些人质疑，认为他们只是在凑数。没过多久，赫歇尔发现了天王星。天王星到太阳的距离是 192 个单位，提丢斯-波得定则计算出来的距离应该是 4+192=196 个单位，非常接近天王星的实际数据，定则再次得到验证。

但是，大家也发现，在火星的 4+12 和木星的 4+48 之间，空缺了一个 4+24 的位置。也就是说，按照提丢斯-波得定则，应该还存在一颗大行星，位于火星轨道和木星轨道之间，到太阳的距离恰好是 28 个单位。它在哪呢？

1800 年，德国哥达天文台台长弗朗茨·克萨韦尔·冯扎奇正担任德国天文学杂志《每月通讯》（*Monatliche Correspondenz*）的主编。他向 24 位杰出的天文学家发出邀请，成立一个非正式的联合天文学会，俗称"天空警察"组织，共同抓捕这颗漏网的行星。24 位天文学家包括著名的赫歇尔、贝塞尔、马斯基林、梅西叶和提出定则的波得本人，皮亚齐也位列其中。"天空警察"的总部位于德国小城利林塔尔。

1801 年 1 月 1 日，皮亚齐照例在巴勒莫天文台执行观测任务。他的计划是逐个确认星表上前人标记的恒星。在观测到第 87 号恒星的时候，皮亚齐在这颗本来的目标恒星附近，发现了星图和星表上没有记录过的新目标。发现新目标总是让人很兴奋，他赶快把注意力放在新的目标上，接连几天观测它。他在观测记录中写道："它有一点暗，颜色和木星差不多。"像皮亚齐这样受过专业训练的天文学家，很容易在持续的观测中发现新目标和周围的恒星运动不一致，也就是说，它在恒星整体的背景上移动。进一步说，这样的天体位于太阳系之内，很可能是彗星。

皮亚齐相信自己可能发现了一颗新的彗星。为了明确计算彗星的轨道，当时唯一可行的方法就是持续不断地跟踪观测它，完整地勾勒出它的运动轨迹。皮亚齐对新目标进行了 24 次观测，确认了它在缓慢移动的事实，但也开始怀疑它可能不是彗星。他在给朋友巴纳尔巴·奥里亚尼的信中说："我把这颗星当作彗星向你介绍，但由于它没有出现星云状的东西，而且它的运动速度非常缓慢，且相当均匀，我觉得它可能是比彗星更好的东西。不过，在向公众公布这一猜想时，我应该非常小心。"[6]

1801 年 2 月 11 日晚，皮亚齐又对新目标进行了观测。可就在这之后，皮亚齐突然病倒了。这一病就是两个月，其间又赶上地中海冬季连绵的雨天，观测始终无法展开。直到 1801 年 4 月康复后，皮亚齐才重新投入工作。

可是，间断了两个月之后，那个奇怪的新目标在哪儿呢？皮亚齐找不到它了。在 1801 年的第一天，皮亚齐发现了一个新天体。但几个月之后，皮亚齐又把它弄丢了。[7]

4 月，皮亚齐整理了自己之前的观测资料，向"天空警察"做了通报。冯扎奇主编的《每月通讯》在 9 月发表了皮亚齐的资料。耽误了几个月之后，新目标的位置已经明显改变，现在它已经靠近了太阳，暗弱的目标淹没在太阳的光辉里，跟随太阳在白天出现，"天空警察"的其他成员没能确认皮亚齐的发现。眼看着接近年末，目标逐渐远离了太阳，现在有机会重新观测它了。但从皮亚齐第一次发现它到现在，差不多有一年的时间跨度，谁也没有办法预测它会出现在天空中的什么方位。正在天文学家一筹莫展的时候，哥廷根大学的一位年轻数学家听说了他们的困境，决定出手相助。这位数学家很快就会被世人熟知，全世界很多孩子听过他小时候快速计算从 1 加到 100 的数值的故事。他就是当时只有 24 岁的高斯。

高斯发现，天文学家面对的问题是，这个新天体只被皮亚齐观测了一个半月。在这段时间里，目标在天空中移动了 3 度，只相当于整条轨道上 1% 的弧长。因为每次观测都有一定的误差，所以无法利用最初一个半月的数据精确推测出它在一年后的位置。高斯紧张工作了 3 个月，他知道目标必然围绕太阳运动。根据开普勒定律，其运动轨道是一个椭圆。为此他发展了一套新的数学方法，只需要知道椭圆的一个焦点位置，也就是太阳，知道三次观测的位置，还知道这些位置之间的时间跨度，就可以列出 8 个数学方程。他解算这些方程，得到的其中一个解就是地球本身的轨道，这当然是已知的。高斯再根据有效的物理限制，把其他的解分离出来，得到了新目标的轨道。高斯在计算中的所有观测数据都包含误差，但依然能够估算出可靠的结果。

1801 年 12 月 31 日夜里，根据高斯计算的结果，冯扎奇在哥达天文台再次发现了新目标。第二天夜里，同样是"天空警察"成员的威廉·奥伯斯在不来梅天文台也发现了目标。经过"天空警察"和伟大数学家的共同努力，皮亚齐的新行星失而复得。高斯在计算轨道的过程中用到了好几种全新的数学方法。比如，为了理解皮亚齐的观测误差，他发展出了误差的正态分布方法；为了利用带有误差的数据进行计算，他发展出了最小二乘法的数据拟合方法；为了简化数据计算的过程，他发展出了快速傅立叶变换的方法；为了简化牛顿的万有引力的计算，他引入了高斯引力常数。在一颗新行星的发现过程中集中涌现的数学方法，成为今天天文学和物理学专业本科生的必修课内容。高斯也因为这样的贡献，成为哥廷根大学教授和哥廷根天文台台长。新行星和高斯互相成就了彼此。

新行星距离太阳 28 个单位，准确符合提丢斯-波得定则的预测。人们相信它就是火星和木星之间空缺的大行星。行星轨道一经确认，就成为紧随火星之后的第五大行星。皮亚齐也拥有了与赫歇尔相似的地位和荣誉。他最终取了巴勒莫天文台所在的西西里岛守护女神的名字，把这颗新行星命名为刻瑞斯，也就是谷神星。一年后，化学家在矿井中发现了一种稀有的化学元素，原子序数为 58。为了向发现谷神星的天文学家致敬，化学家把新元素命名为"刻瑞斯"元素，也就是铈元素。二氧化铈是用于光学镜片打磨抛光的最好材料。现代天文望远镜的制造离不开二氧化铈的打磨工艺。天文学家发现谷神星，赋予铈元素有意义的名字。铈元素的物理和化学性质又反过来帮助天文学家制造优良的望远镜。这又是一场相互成就。

但好景不长，在接下来的几年内，"天空警察"成员又接连发现了 3 颗行星。它们到太阳的距离都和谷神星差不多，也位于火星轨道和木星轨道之间。奥伯斯在 1802 年和 1807 年分别发现了智神星和灶神星，卡尔·路德维希·哈丁在 1804 年发现了婚神星。同一个轨道上有了 4 颗行星，天文学家开始怀疑，谷神星和另外三颗行星其实都算不上是一颗大行星。后续的观测越来越证明，这些行星本身的尺寸都很小。虽然当时对行星直径的测量很不精确，但可以确定它们的大小都远远比不上月亮。仅仅半个世纪之后，天文学家已经在这个位置上发现了 100 颗行星。从此，这一类天体都不再被当作大行星看待，而是被共同列入一个新的分类，即小行星。谷神星也就成了第一颗被发现的，也是最大尺寸的小行星，即 1 号小行星。其他小行星按照被发现的时间顺序编号。2006 年，谷神星被国际天文学联合会重新定义为矮行星，这就是后话了。到今天为止，天文学家已经确认发现的超过 1 千米直径的小行星超过了 100 万颗。在火星和木星轨道之间，不存在一颗大行星，取而代之的是数以百万计甚至更多的小行星、尘埃、陨石和碎片。为什么在本该出现大行星的地方现在只剩下一片"废墟"？是曾经的大行星破碎成了现在的样子，还是别的什么原因让这里的行星原材料根本来不及完成组装？这些都是现代天文学中最重要的前沿问题。

皮亚齐弄丢了谷神星，直接的原因是皮亚齐的身体疾病和天气状况影响了持续的观测。但更深层次的原因在于，17—18 世纪天文学的主要工作方式，依然是守株待兔与漫天撒网的结合。天文学家能够发挥聪明才智的地方就是全身心扑在夜晚的望远镜上，用自己的眼睛扫视星空，观察，记录，再观察，再记录。遍布欧洲的天文学家群体之间形成了巨大的通信网络，但这样的组织也仅仅是让更多的人参与到守株待兔和漫天撒网的工作中来。丢失谷神星的真正原因是缺少必要的数学方法，谷神星失而复得靠的是高斯及时发展出了必要的思维工具。因此，冯扎奇后来说："如果没有高斯博士的智慧工作和计算，我们可能不会再找到谷神星了。"

按照柏拉图的说法，天文学家并不只是追求更好的视力以观赏星空，否则他们和鸟没什么不同。[8] 天文学显然不是鸟的科学，而是人类对宇宙的深层次理解。理解从观察出发，但绝不能止步于观察本身。天文学的发展依赖望远镜的使用，但同时也不能忽略数学、物理学、化学和地质学等多学科的共同引领。在皮亚齐生活的年代，欧洲各地先后兴建了大大小小的天文台，由贵族、哲学家、音乐家、数学家、神学家兼职观察星空的时代渐渐落幕，专业的天文台、专职的天文学家和专业的数学家与物理学家通力合作，逐渐形成了更专业化的天文学研究体系。皮亚齐是最后一位只靠观测就能理解新目标的天文学家，也是第一位必须借助数学前沿工具才能更深刻理解宇宙的天文学家。

为了纪念皮亚齐，小行星 1000 被命名为皮亚齐星。哈勃空间望远镜在谷神星上发现了一个陨星坑，它被命名为皮亚齐坑。

9

夜空为什么是黑的？

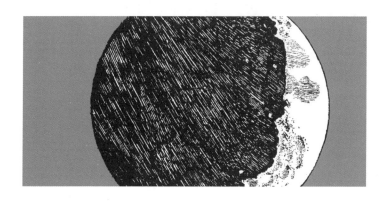

海因里希·奥伯斯

德国天文学家、医生

德国北方城市不来梅的老城区东侧城墙遗迹附近是现在的城市图书馆。图书馆里陈列着 100 多年前德国最著名的雕塑家克里斯蒂安·丹尼尔·劳赫创作的名人半身雕像。与城市图书馆一街之隔的老城墙的遗址，现在是一座公共绿地公园，这里竖立着同一位名人的雕像。雕像人物身穿长袍，左手拿着一只小望远镜。雕像底座正面的浮雕是他正在观察星空的场景，带翅膀的天使陪伴着他，为他的望远镜指明方向。底座背面的浮雕是这位学者以医生的身份坐在病患的床边问诊。这是不来梅第一座竖立在户外的人物雕像。[1] 两座雕像都是为了纪念不来梅历史上最伟大的学者奥伯斯。

著名的天文学家奥伯斯同时还是数学家、物理学家和杰出的医生，他也是冯扎奇发起的寻找行星的"天空警察"团体的一员，以团队领袖的身份协调其他成员的工作。他一生发现了2颗小行星和1颗彗星，正确解释了为什么彗星的尾巴指向太阳的反方向。他入选英国皇家学会、瑞典皇家科学院、美国科学院和荷兰皇家科学院。奥伯斯把自己的房子改建成天文台，据说他每天的睡眠时间不足4个小时。1840年，奥伯斯在德国不来梅去世。不来梅为奥伯斯建造了许多座雕像，以纪念不来梅这位最杰出的市民。

就是这样一个人，却在晚年被一个简单的问题困扰着。今天你向身边的任何人提出这个问题，他大有可能嫌弃你的问题毫无意义。这个问题简单到大部分人都不会把它当成一个真正的问题，它只是一个傻里傻气的、看起来完全多余的问题。但是，你只要真诚地花过几年时间陪伴一个孩子的成长，就会知道，孩子提出的问题越是看起来简单，越让人难以回答。简单的问题更接近本质。困扰奥伯斯的问题就是比较孩子气的问题："夜空为什么是黑的？"[2]

夜空为什么是黑的？奥伯斯用孩子般的心灵提出了一个好问题。我们还可以换一个问法：白天和黑夜为什么看起来不同？

最自然的答案是，因为夜晚没有太阳，太阳照耀的时候是我们的白天。

没错，因为地球自转，我们大约有一半的时间见不到太阳。地球自转再加上地球本身不透明，造成了昼夜交替。但是，夜晚和白天相比，缺少的只是太阳这一颗恒星，夜晚的星空中还有无数颗其他恒星。就像我们如果站在森林中，无论看向哪个方向，目光所及之处都会遇到一棵树。

你知道每一颗恒星都是一个太阳，都在发出耀眼的光芒。但是你说，白天的太阳离我们很近，所以我们接收到更强烈的光照，照亮了整个天空；而夜晚，很抱歉，众多恒星都离得太远了，它们的光走到我们跟前的时候已经大大衰减。因此，奥伯斯问题的正确答案是，太阳比群星近得多。你接受这个答案吗？

等一等，事情没有这么简单。

虽然夜空中的群星距离我们比太阳更远，每颗星的星光抵达地球的时候确实都已经非常黯淡，但群星的数量无穷无尽。站在夜晚的大地上仰望天空，我们面对的是半边宇宙的全部星辰。无限大的宇宙中包含着无穷多的恒星。即便每一颗恒星的星光和太阳相比微不足道，但无穷多个微不足道叠加起来，也应该得到一个足够大的总和，产生足够大的光亮，使其亮度能够超过太阳。再看白天的情况，除了近处的太阳之外，太阳身后也同样有着半边宇宙的全部星辰，它们的光芒全部叠加在一起，也应该是足够大的光亮，胜过有限的太阳。也就是说，无论白天还是黑夜，我们仰望的天空都应该充满璀璨的光芒，点缀其间的太阳才真的是微不足道的萤火。

18 世纪的天文学家没有能力探索宇宙的边界，他们完全相信宇宙无限大，其中蕴含的恒星也无限多。牛顿在 1704 年的著作《光学》中说："宇宙可以被分成不同的组成部分，它们具有不同的密度和力，自然规律可能也不相同，我在这一切中没有看到什么矛盾。"[3] 牛顿从引力的角度来思考宇宙。他认为如果宇宙有限，而且其中分布着天体，这些天体之间的引力相互交织，太过复杂，稍有一丝一毫的改变，就可能对全局产生不稳定的影响，最终导致整个宇宙中的全部物质都相互吸引合并到一起。所以，宇宙必须无限大。换句话说，如果不承认宇宙无限大，牛顿的宇宙体系就无法成立。在牛顿的体系之中，宇宙的时空是静止的，宇宙的年龄和尺度都无限大。后来的天文学家受到古希腊哲学和牛顿力学的影响，比如，高斯和拉普拉斯都从观念上相信宇宙无始无终，也无边无际。这些观念带来了显而易见的好处。假如宇宙有限，天文学家还要费尽心力解释有限的宇宙外面是什么，宇宙出现之前的时间是什么。无限的宇宙把这些麻烦都避免了。

可是，天文学家坚信宇宙无限，就必须面对奥伯斯提出的"孩子气"的问题。无限多的小星星加起来，还比不过一个太阳吗？

奥伯斯于 1840 年去世，他终其一生也没能想通这个简单的问题。这类问题看似完全不合逻辑，但实际却真实地发生着。这个世界上的狐狸、狼、獾、刺猬和夜莺，晚归的旅人、水手、天文学家和睡不着的孩子，都进行过科学史上一项伟大的观测，他们也得出了相同的结论，即夜晚是黑的。哲学家把这一类问题称为"佯谬"。奥伯斯佯谬是奥伯斯提出的最古怪的问题，也是整个 18 世纪最古怪的科学问题，奥伯斯自己和世界都无法回答。

他把这个问题搁置起来，留待后人解决。后来的天文学，尤其是现代宇宙学为了回答奥伯斯佯谬而绞尽脑汁，提出了经典的宇宙学体系，成为我们今天对整个宇宙最完整的认知。

为了彻底回答奥伯斯佯谬，我们必须引用现代天文学的三个基本事实，每一个都颠覆了人类对宇宙的传统经验。第一个是光速有限，第二个是宇宙的年龄有限，第三个是宇宙正在膨胀。

西芒托学院测量光速的实验失败了。在人们的经验中，光速依然被看成无限大。一颗恒星发光，它的光芒立即被我们接收到，不需要等待的时间。所以，近处的恒星和远处的恒星的星光会被我们同时观测到。所以，夜空中远近不同的恒星的星光全部叠加起来，理应呈现出和白昼一样明亮的天空。

但实际情况是，光速有限。星光需要花费漫长的时间才能跨越巨大的宇宙星际空间。我们看到的月光是月亮1秒多钟之前发出的，我们看到的比邻星是它约4.22年前的样子，来自银河系中心的光发出的时候，人类还处在旧石器时代。距离我们越远的天体，需要越长的时间把星光送达给我们。

宇宙也并非本来就有，亘古未变。宇宙有它诞生的那一刻，时至今日，有确定而有限的年龄。

星光的传播需要时间，而宇宙的年龄有限，这就意味着一个十分尴尬的事实：有些非常遥远的星光传播到我们眼前的时间可能大于宇宙年龄。也就是说，特别遥远的星光根本就来不及传过来。只有在宇宙年龄之内来得及抵达我们的星光才能被我们看见。我们能够接收到并且叠加起来的星光，只是以我们自己为中心的一个圆球范围内的星光。这个圆球的半径是光速乘以宇宙的年龄。现代天文学把这个圆球叫"可观测宇宙"，顾名思义，它只是整个宇宙中有机会被观测到的那部分区域。随着时间的推移，宇宙年龄增长，就会有更多恒星的星光来得及抵达我们身边。也就是说，越来越多的星光将被包括到可观测宇宙范围之内，可观测宇宙的范围逐渐变大。

不仅如此，宇宙还在膨胀。膨胀中的宇宙，让遥远的星系和恒星到我们的距离越来越远。宇宙膨胀的速率恒定，即越远的星系和恒星往远处跑的速度越快。这就是宇宙学中的哈勃定律。最遥远的那些星系和恒星往远处跑的速度极快，它们发出的光永远也不会来到我们面前。

换句话说，虽然夜空中面对着半边宇宙的全部星辰，但大量星辰之光没有机会传到地球。我们有机会叠加起来的恒星并非无穷多颗。有限多的微光加在一起，构成了夜空的黯淡。

夜空依然保持黑暗，远远比不上白昼的阳光明媚，这并非全因为太阳离我们太近。黑夜本身就暗示了宇宙中时空的基本结构。

我们还可以把奥伯斯佯谬做个升级，得到引力版本的奥伯斯佯谬。为什么我们被太阳的引力束缚，围绕太阳转？无限大的宇宙中有无限多的恒星和星系，它们提供的引力虽然随着距离减少了，但无穷多的引力源全部加起来，还比不过一个太阳吗？引力版本的奥伯斯佯谬，本质上同样是无限大的宇宙观念和现实世界之间的矛盾。要解决这个矛盾，也需要前面说到的一系列现代天文学的新理论。在宇宙的有限年龄之内，来得及把光亮送达的宇宙范围很有限。同样的道理，来得及传播引力的宇宙范围也很有限。引力的传播，即爱因斯坦提出的引力波，在宇宙中以光速传播。

这还没完。

1969年，美国宇航员阿姆斯特朗和奥尔德林站在月亮表面。当时是月亮上的白天，但他们看到的天空和夜晚一样黑暗。明亮的太阳挂在黑暗的天空背景上，这样的奇异场面可能才是宇宙中普遍的场景。地球上白天的天空为什么不黑？

因为地球上有空气，大气层的密度和成分恰到好处。空气把阳光散射开，让波长相对更长的红色光穿过得更多一些，让波长相对更短的蓝紫色光分散开。所以我们看到的太阳在视觉上偏红，而天空背景湛蓝。月亮上缺乏地球上这样的大气层，阳光只能直射月球表面，没有任何介质帮助阳光四散，无法照亮天空背景。

地球的空气中如果多一些沙尘，天空就会像在火星上那样发黄；如果多一些水汽，天空的明亮程度就会大幅度降低；如果二氧化碳和硫化物的比例上升，天空就会像在金星上那样密不透光；如果空气的密度没有现在这么大，天空就会变得惨白或灰暗；如果电磁波散射的规律不像现在这样分布，我们头顶上的天空就会呈现特别怪异的颜色……白天的天空明亮、蔚蓝、清澈，是因为可见光被空气散射的时候，散射的程度与波长的四次方成反比——这一切的恰到好处，才促成了我们习以为常的蓝天和黑夜。

要解释奥伯斯佯谬，需要原子物理学、量子力学、电磁波理论、广义相对论、现代天文学观测的证据、大爆炸宇宙论和连接所有这些学问的高等数学。孩子气的问题不简单吧？这些理论和实践的工具，建立在几个世纪以来的物理学家、化学家、数学家和天文学家的实验与计算之上，奥伯斯所在的 18 世纪无论如何都无法洞察这一切。理性的力量还来不及回答问题，感性的想象力就提供了答案。

奥伯斯发现两颗小行星后，大洋彼岸的美国人爱伦·坡出生了。他在两岁的时候成了孤儿，被烟草商爱伦夫妇收养。爱伦·坡 30 岁的时候出版了短篇小说集《怪异故事集》。这部作品奠定了他在文学史上的地位，也让他被誉为侦探小说之父。在奥伯斯提问 25 年之后，爱伦·坡出版了他晚年的散文集《我发现了》。他在散文集中讨论艺术、美学和科学。世人都觉得这本书晦涩难懂，但它在字里行间正确解释了奥伯斯佯谬。爱伦·坡说："我们之所以在望远镜里观测到夜空黑暗，只有一种可能，那个背景太远了，恒星上的光没来得及到达地球。也就是说，宇宙起源的时间要大于恒星光线传到地球的时间。"[4] 他第一个公开正确解答了奥伯斯佯谬，用的不是科学的观测和计算，而是像侦探小说中的主角那样做出猜测和推理。

假如奥伯斯泉下有知，会对我们今天的世界说些什么呢？

"试着问个问题，问一个自己没有答案的问题，傻傻的、简单的、充满想象力的问题。"

10

地球为何如此年轻？

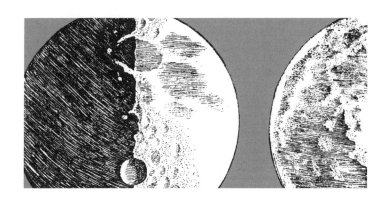

威廉·汤姆孙

英国物理学家、天文学家、第一代开尔文勋爵

William Thomson

1824—1907

地球几岁了？

按照《圣经》中记载的历代家谱的年代推算，可以得出上帝创造大地的起点。爱尔兰大主教詹姆斯·厄谢尔在 17 世纪算出了结果。他在著作《厄谢尔年表》中列出了地球历史上重大事件的时间点，其中地球诞生于公元前 4004 年 10 月。开普勒和牛顿也认为地球诞生于公元前 4000 年左右。因为宗教信仰，以及当时的人类社会还不太容易理解极其漫长的时间演化概念，所以当时对地球年龄的大部分估算结果都非常短。[1]

这些当然是不靠谱的结论。即便我们信仰的力量不容否认，恐怕也不能照搬全部的字面意思解决自然问题。在此之后，地球年龄问题一直在科学界悬而未决。它不仅是一个关于地球身世的地质学问题，而且涉及太阳系诞生的天文学，还涉及生物进化的遗传学。

达尔文考察过大洋彼岸的生物多样性之后，写出了《物种起源》。他明白，要让动植物在物竞天择的法则下进化成今天的样子，需要足够长的时间。地球的年龄不可能只有几千年。达尔文的进化论要求非常长久的地球演化历史，但在科学上要如何回答这个问题呢？

威廉·汤姆孙（即开尔文勋爵）的父亲是皇家贝尔法斯特学院的数学和工程学老师。在威廉 8 岁的时候，父亲受聘为格拉斯哥大学教授。老汤姆孙对儿子的培养很用心，父子在欧洲各地辗转，儿子跟着父亲一起访学多年，见识足够丰富。[2] 威廉·汤姆孙从 9 岁开始，先后入读皇家贝尔法斯特学院和格拉斯哥大学。在那个年代，大学也为儿童提供基础教育的课程，可以理解为我们今天所说的某某大学的附属小学。受父亲和学习环境的影响，威廉从小就表现出对科学的兴趣。除了参加科学竞赛，做科学实验，写作科学小论文，小威廉甚至用拉丁语写出了赞美自然的科学诗歌。青年汤姆孙进入剑桥大学，毕业时获得了剑桥大学专门颁发给科学领域毕业生的最高荣誉——史密斯奖。毕业一年后，22 岁的威廉·汤姆孙受聘为格拉斯哥大学教授，他的学生比自己小不了几岁，而他几年前刚刚作为大学新生在这里学习。[3]

汤姆孙投身于当时最前沿的热力学研究，提出了热力学上使用的绝对温标。现在，绝对温标的单位就是开尔文。他与擅长做实验的焦耳合作，将热力学的基本规律推动了一大步，直接奠定了热力学第一定律和第二定律的基础。他发表了650多篇科学论文，申请了70项专利。在基础理论研究之外，汤姆孙也探索了改善人类生活的应用科学，横跨大西洋的海底电缆就是他的创举。

1856年，汤姆孙入选大西洋电报公司董事会，成为团队的科学顾问。团队在一次铺设海底电缆的工作中出现失误，电缆断裂，他当时正在电缆敷设船上。随后，他发表了海底电缆所涉及的力学知识的基础理论。他还开发了一套完整的操作海底电报的信号系统，操作速度是每分钟发送17个字母。在大西洋电报公司铺设海底电缆的工程中，经常发生海难。团队领导层已经动摇了自己最初的信心，打算放弃，卖掉还没有来得及铺设的电缆，以求弥补一部分经济损失。就在这个时候，汤姆孙力排众议，说服董事会坚持下去。他认为，技术问题一定可以有效解决，他们更需要的是信心。就在董事会同意继续贯通电缆之后，又出现了更严重的技术问题。由于原来对电缆工艺的考虑不够周全，电缆无法实现原计划的信号传输效率。汤姆孙临危受命，重新制定电缆制作标准。科学家成了工程师，亲自登船重新铺设整套新的横跨大西洋的海底电缆。

终于，大西洋海底电缆工程胜利完工。1866年，汤姆孙因此被维多利亚女王封为勋爵。开尔文这个封号来自他工作的格拉斯哥大学附近的开尔文河。所以，在科学史上，威廉·汤姆孙又被称为开尔文勋爵。

开尔文勋爵渐渐成为英国科学界的领袖人物，研究工作涉及数学、力学、电磁学、热力学、地质学、天文学和海洋科学等多个领域。

他设想，地球诞生的时候就像一个炽热的火球，在太空里逐渐冷却到了今天的温度，按照岩石传导热量和冷却的规律就能计算出地球所经历的时间。热力学是他最擅长的领域，经过计算，他得到的结果是地球年龄在2 000万~4亿年。时间跨度之所以这么大，是因为当时对岩石散热的研究还不够精确。多年之后，他根据更新了的数据修订自己的结果，即最终的地球年龄在2 000万~4 000万年。他坚信自己的结果，因为这是根据物理学中最基础的热力学定律直接计算得来的，从方法到逻辑都不可能存在瑕疵。他自信地说："除非地球内部还存在着不为人知的加热方式。"[4]

2 000万年这个时间已经比根据《圣经》字面意思推算的结果强了太多，但还是没到达尔文要求的生命进化的时间。根据地球岩石同位素测定、月球岩石的参考、太阳系陨石的信息辅助，地球年龄的现代最新结果是45.5亿年左右，远远大于开尔文勋爵的2 000万年。他错得太离谱了。

2 000万年这个结果，反对者有不少，支持者也有很多。

达尔文的追随者赫胥黎就公开攻击了开尔文勋爵的计算。赫胥黎说，这些计算本身很精确，但它们的前提假设是错误的。赫胥黎没有进一步指出错误到底在哪。当时德国最著名的物理学家亥姆霍兹独立完成计算，得出了 2 200 万年左右的结论，支持了开尔文勋爵。美国天文学家、哈佛大学天文台台长和美国数学学会主席西蒙·纽科姆计算了太阳诞生时的气体收缩到现在的大小所需要的时间，大约是 1 800 万年，作为地球年龄的限制，这与开尔文勋爵的结果非常接近。就连达尔文的儿子乔治·达尔文，也反对自己父亲期待的更老的地球年龄，而是站在了开尔文勋爵一边。小达尔文是地质学家，他在研究地球和月亮关系的时候提出，月亮可能来源于早期熔融状态的地球，它们曾经是一个互相连接的整体。利用地球和月亮之间的潮汐作用和地球现在的自转速度，小达尔文计算出的地球年龄是 5 600 万年左右。这似乎也意味着开尔文勋爵算出的几千万年的结果很有道理。[5]

　　开尔文勋爵不知道的是，他口中的"不为人知的加热方式"真的存在。

　　1896 年，也就是他计算得出地球年龄两年之后，法国物理学家贝克勒耳发现磷光材料在太阳下吸收了阳光之后，会在黑暗中自然发光。贝克勒耳进一步研究发现，有些特定的物质不需要额外的阳光，自身也能发光。很快，居里夫妇从沥青中分离了微量的特殊物质，符合贝克勒耳所说的自然发光特征。居里夫人给这种特殊现象起名叫"放射性"。铀、钍和镭等一系列放射性元素先后被发现，它们在地球内部广泛存在，验证了贝克勒耳和居里夫妇的放射性理论。放射性元素不需要外在额外的光，就可以自发地辐射，释放出能量。贝克勒耳和居里夫妇找到了"不为人知的加热方式"，找到了开尔文勋爵不曾预见到的地球内部的加热来源。因发现自发放射性现象，贝克勒耳和居里夫妇共同获得 1903 年诺贝尔物理学奖。

由于放射性元素的存在，在没有太阳的情况下，地球内部也有自动加热的机制。这让地球在茫茫太空中冷却得更缓慢一些。考虑放射性元素加热的效果后，按照热力学的方法测算的地球年龄就会远远超过开尔文勋爵的结果。

1904 年，卢瑟福在一场学术讲座中点破了这个事实。当时，开尔文勋爵就在观众席上，但他不愿意承认自己的错误。他坚信地球的年龄最多只有几千万年。[6]

开尔文之所以信誓旦旦，并不是因为他的骄傲，而是因为太阳。

当时发现的地球岩石层的沉积物化石证明，这些远古时期就存在的植物也需要阳光的照耀。如果地球的年龄超过 2 000 万年，那么太阳的年龄也必定超过 2 000 万年。但是，靠什么样的方式能让太阳持续稳定发光 2 000 万年以上呢？

如果靠化学燃烧的方式，就像石油和煤炭那样，太阳这么大一团物质充分燃烧，只能保持发光 5 000 年左右，这当然很不靠谱。所以当时的天文学家普遍相信，太阳释放能量的机制靠的是收缩。太阳始终在收缩，只不过人类在有生之年不容易察觉到它收缩的幅度。在收缩的过程中，能量被释放出来。靠收缩释放能量，这是典型的热力学问题，是开尔文勋爵的老本行。按这样的方式计算，太阳可以稳定发光几千万年左右。这是当时人们能理解的最高效率产生能量的方式，也就成了太阳年龄的极限，当然也是地球年龄的极限。

开尔文勋爵不知道的是，让太阳稳定发光的真正原因既不是化学燃烧，也不是收缩，而是像氢弹爆炸那样的原子核反应。可是，直到 20 世纪 30 年代，也就是开尔文勋爵去世 20 多年之后，世界才认识到核反应的存在。直到五六十年代，少数几个国家才陆续成功进行了核聚变实验，引爆了最早的氢弹。

1900 年，在世纪之交的一次宴会上，开尔文勋爵以皇家学会主席的身份发表演讲。他说："今天物理学的基本问题都已经解决了，但我们的头上还盘旋着两朵乌云。"对这两朵乌云的回应带来了量子力学和相对论。

他没有预言放射性元素的存在，但启发了其他学者探索地球内部加热来源的思路。他没有预言太阳核心的核反应存在，但太阳在刚诞生的时候，在还没有达到核反应条件之前的岁月里，完全按照他计算的方式收缩和释放能量。他的生命止步于 20 世纪轰轰烈烈的科学历程之初，但他的直觉启示了 20 世纪一系列最重要的科学发现。他大大低估了地球的年龄，但他第一次尝试用科学的方法处理地球年龄的问题，给出了逻辑上自洽的结论。他虽然坚持错误的结果，但他的错误贯穿着 19 世纪末 20 世纪初的科学探索历程。他的错误就像科学时光中的一根金线，将无数个新发现、新概念和新方法一一串联。珍珠固然宝贵，但将它们串联在一起的金线必不可少。开尔文勋爵犯下的错误，只是因为人类当下的认知只能如此。

1896 年，在开尔文勋爵受聘为教授 50 周年的座谈会上，面

对前来祝贺的同辈与晚辈学者，他做了致辞：[7]

> 我在过去几十年里所极力追求的科学进展，可以用失败这个词来概括……当我开始担任教授的时候，知道更多关于电和磁的力量、以太和重物之间的关系、化学亲和性的知识。这些年来，在失败中必然存在一些悲伤，但在对科学的追求中……相当快乐……

也许，开尔文勋爵已经意识到自己关于地球年龄的错误，以及自己在其他诸多科学结果上的错误。当他站在 20 世纪之初遥望未来的时候，看到的一定是后生晚辈的澎湃新知。

后人称第一代开尔文勋爵威廉·汤姆孙为热力学之父，此言不虚。

11

三体问题没有解

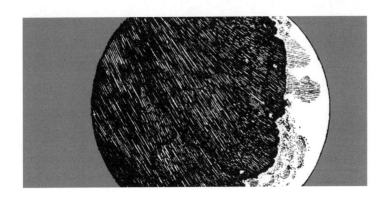

亨利·庞加莱

法国数学家、天文学家

Jules Henri Poincaré
1854—1912

瑞典国王奥斯卡二世 1872 年继承王位。在他统治期间，瑞典取得了巨大的进步，特别是在军事、外交和政治方面。他重新定义了军队的职能，使军队能够真正应对当时的外部威胁，他还改革了外交部，使外交官能够真正有效地处理国家之间的关系。他还重新定义了政府机构的职能，使官员能够真正有效地执行法律。1889 年，这位伟大的国王年满 60 岁。

国王曾经在乌普萨拉大学学习数学专业。他的学弟约斯塔·米塔尔-莱弗勒成为新成立的斯德哥尔摩大学的首位数学教授。米塔尔-莱弗勒建议国王用一种新奇的方式庆祝生日。最终，国王在自己 60 大寿之际设立了一项科学竞赛，向全世界征集太阳系稳定性的数学证明。这是一个由来已久的科学难题，牛顿都曾经束手无策。

18世纪，牛顿在开普勒的基础上建立了一整套关于太阳系里行星围绕太阳运动的体系。利用牛顿三大定律和万有引力定律，今天的中学生就能写出地球围绕太阳运动的轨道方程。物理专业的大学生可以轻松写出方程的微分形式。在处理太阳和地球的运动关系上，牛顿力学登峰造极，取得了一系列成功。但是，和勒威耶面对的问题一样，当需要考虑的天体数量不止两个的时候，该如何确定精确的运动方程呢？

牛顿面对这个问题的时候感叹，这已经超出了人类的才智。与勒威耶同时代的天文学家尽了最大的努力，也只能战战兢兢地猜测太阳系长久以来一直稳定存在，似乎更多天体的相互作用也可能得到研究。这就是著名的 N 体问题。当 N=2 的时候，牛顿定律给出精确解，两个天体在椭圆形轨道上相互绕转。当 N=3 的时候，N 体问题就成为三体问题，尚未有答案。当时的明眼人都知道，奥斯卡二世悬赏的太阳系稳定性的数学证明，其实就是在悬赏三体问题的解。[1]

三体问题为什么这么难呢？

让我们假设宇宙里只有三个天体，编号分别为 1 号、2 号和 3 号。每个天体都受到另外两个天体的引力作用。因此，1 号天体的受力由 2 号和 3 号天体的位置与质量共同决定。同样，2 号天体的受力由 1 号和 3 号天体决定，3 号天体的受力由 1 号和 2 号天体决定。

1 号天体的受力会影响 1 号天体下一步的运动。运动之后的 1 号天体位置改变，反过来对 2 号和 3 号天体产生的引力发生变化。这个变化又决定了 2 号和 3 号天体下一步的运动，而 2 号和 3 号天体改变状态之后又再次影响了 1 号天体……为了描述得更清楚，我只能把天体运动拆分成这样一步步的过程。但实际上，三个天体之间彼此的相互作用和相互改变都发生在连续的时空里。

数学家欧拉和拉格朗日等人已经对这些问题做了比较深刻的研究。利用牛顿发明的微积分的数学方法，他们找到了一系列描述三体问题的方程。

三个天体无论怎么运动，三者的质量中心，也就是重心都保持不变，这样我们就可以得到一个方程。三个天体中引力的合力一定为零，这样我们又得到一个方程。三个天体的运动速度和质量密切相关，考虑速度的方向之后，它们的总和固定守恒，又可以得到一个方程。所有天体的总能量守恒，这又是一个方程。就这样，几代数学家和天文学家不懈努力，一个方程一个方程地探寻、挖掘、总结，最终找到了描述三体问题的 10 个方程，用积分的形式把它们写了出来。求解的目标是得出三个天体的位置和速度。每个天体都包含三个维度的位置速度数据，共计 18 个未知数。接下来的任务就是用 10 个方程找到 18 个未知数的解，这是很艰难的任务，大部分这类的微积分方程都无法找到。

瑞典国王的竞赛悬赏受到了欧洲大部分学者的关注。比赛明确规定，为了评委能够公平地审查征集来的答案，所有答案都不能署名，只允许留下一句暗号，将来凭暗号领奖。获奖作品将在米塔尔-莱弗勒创办的《数学学报》（*Acta Mathematica*）上发表，作者将获得 2 500 瑞典克朗奖金和一枚金质奖章。这笔奖金的数额相当于当时一位大学教授 4 个月的收入。竞赛于 1885 年正式发布，征集时间为三年。竞赛的评委会由三位数学家组成，除了米塔尔-莱弗勒之外，还有德国数学家卡尔·魏尔施特拉斯和法国数学家夏尔·埃尔米特。

看到竞赛消息的庞加莱当时年仅 31 岁，正在巴黎大学任教。他出生在法国南锡，家庭在当地算得上显赫。庞加莱的父亲是南锡大学的医学教授，他的堂兄雷蒙·庞加莱做过几任法国总理和总统，带领法国参加过第一次世界大战，主持召开了巴黎和会，签订了《凡尔赛和约》。庞加莱 5 岁时患上了严重的白喉。他发病的时候影响了视力，完全看不见老师在黑板上写的字。为了学习，庞加莱只能训练自己盲听的技巧，光靠听讲和心里默想学会了大量基础知识。这样的训练让庞加莱特别善于在心里默默推导数学公式。后来的学者曾经评价庞加莱不太看重数学逻辑，但直觉一流。庞加莱学习成绩一流，几乎每门课都得到老师的赏识，两次获得法国中学生数学竞赛冠军。数学老师形容他是"数学怪兽"。他在作文方面也表现突出，最差的科目是音乐和体育，学校给出的评语是"普普通通"。

19 岁的庞加莱以第一名的成绩考入巴黎综合理工学院，后来进入南锡矿业大学，同时研读采矿工程学和数学两门专业。他获得了采矿工程学学位。在准备申请博士学位期间，他加入了矿业公司，奉命调查一起矿难事故。1879 年，25 岁的庞加莱获得巴黎大学博士学位。

庞加莱以学术精英的身份进入了科学研究的团体，正式披挂上阵，着手解决一系列数学难题。32 岁那一年，前途蒸蒸日上的庞加莱见到了瑞典国王发布的数学题。他立即认识到，这个题目本质上就是长久以来的三体问题的变形，要彻底解决问题，就必须破解三体问题。他决心一试身手。

庞加莱明白完整的三体问题过于复杂，自己还没有骄傲到相信自己能破解它的程度。所以，他设定了一种特殊的条件。他假设，三个天体中的前两个比较巨大，第三个相对渺小，而且三个天体的运动始终位于同一个平面上。因为第三个天体太小，所以它只会受到前两个天体的引力作用而改变自身的运动状态，但反过来，它不会对前两个天体造成影响。这就是庞加莱提出的"限制性三体问题"。牛顿早就断言，力的作用是相互的，你推我一下，我也给了你同样的推力。庞加莱的特殊条件显然不符合宇宙的真实规律。但是，不真实的假设却特别有用。

比如，我们从地球上发射一艘前往月亮的飞船。在这个过程中，地球、飞船和月亮构成三体问题，计算飞船的轨道就成了不可能完成的任务。按照庞加莱的假设，飞船的尺度和质量远远小于地球和月亮，因此它对地球和月亮的影响可以忽略不计，我们只需要考虑地球和月亮对飞船的影响就足够了。结果是，地球和月亮之间成为二体问题，所有二体问题得到的结果现在还能继续用在地球和月亮上，地球和月亮的全部位置和速度数据都成为已知条件。错综复杂的三体问题，变成了二体问题基础上增加第三个天体的分层问题，解决起来就简单多了。

庞加莱在论文中认定，限制性三体问题的解一定是稳定的。稳定的意思是，如果一开始的初始条件有一点点偏差，那么一段时间之后的运动结果也只会产生一点点偏差。庞加莱自信满满，在论文封面上留下的暗语是，"繁星永不越界"，暗示了限制性三体问题的稳定解。

作为评委之一的魏尔施特拉斯看到庞加莱的论文后，认为庞加莱没有彻底解决三体问题，但是他在论文中采用的方法把三体问题大大向前推进了一步。更重要的是，为了推动三体问题，庞加莱在论文中实际上发明了一些新的数学理论，这让魏尔施特拉斯大为赞赏。因此，魏尔施特拉斯写信给米塔尔-莱弗勒说："你可以告诉你的国王，庞加莱的这项工作确实不能被视为提供了所提出问题的完整解答，但它仍然具有非常重要的意义，它的发表将开创天体力学史上的一个新时代。"

1887 年是庞加莱梦幻的一年。他在这一年入选法国科学院，破解了瑞典国王的谜题，他妻子生下了他们的第一个孩子。1889年，瑞典国王 60 大寿两个月之后，庞加莱从瑞典驻法国大使手中接过了他的奖金和奖章。

可就在这一年年末，负责出版庞加莱论文的《数学学报》编辑弗拉格曼发现了一处读不懂的地方，便写信追问庞加莱，两人通信沟通了一阵。经过一番讨论，庞加莱意识到自己在论文中犯了一个错误。但论文已经印刷完毕，寄给了部分读者。这样的情况一旦被公开，就会成为一场学术丑闻。本来就有很多人对庞加莱获奖感到不满，怀疑有人内定了比赛结果，如果论文再曝出错误，那更是雪上加霜了。米塔尔-莱弗勒无奈之下也只有把这件事隐藏在心里，找了个印刷错误的借口悄悄收回了寄出去的论文，选择信任庞加莱能尽快将错误修改好，再重新印刷。

庞加莱没有让米塔尔-莱弗勒失望。第二年的1月5日，庞加莱重新提交了修改好的论文，并顺利发表。完整的论文长达270页，在当年11月印刷完毕，与欧洲的数学家见面。[2] 当然，庞加莱答应承担重新印刷新版论文的全部费用，共计3 500瑞典克朗。他交回了全部奖金，还要倒贴1 000元。

弗拉格曼发现的那处错误一点也不简单。庞加莱自己也意识到，即便把三体问题简化成限制性三体问题，答案也不稳定。一旦初始条件有一丁点偏离，长时间运动之后的结果就会产生巨大差异。也就是说，如果我们获得的天体初始位置和速度的观测数据存在一定程度的未知误差，计算之后的运动轨迹就会完全偏离实际情况。发射到月球的飞船走着走着就丢了。

庞加莱修改后的论文保留了那句"繁星永不越界"的暗语，但在计算中给出了一个完全相反的结论，即三体问题的结果不稳定。拿了奖金，却完全搞错了方向，这算是彻彻底底的失败了。但庞加莱没有止步于此。他从不稳定的结果出发，继续探索不稳定本身的科学意义，提出了一整套新的数学概念。这个概念被后来的学者解读为混沌现象，又被称为"蝴蝶效应"，即一只蝴蝶在巴西轻拍翅膀，可以导致一个月后得克萨斯州的一场龙卷风。

混沌现象的重要特征之一就是对初始条件敏感。

庞加莱修改的论文承认了原始的错误，却开创了一个全新的科学概念。气象学家发现，无论多么复杂的模型，都无法精确预测天气，微小的观测差别就会产生截然不同的预测结果。天文学家在木星的大红斑、太阳表面的剧烈活动、小行星带的空隙和更大尺度的星系分布中都发现了混沌的迹象。生态学家发现，种群数量的涨落总会超出人类的预期。随着天气预报、天文学、生态学和计算机科学等一系列新领域的应用，混沌理论慢慢发展为20世纪最重要的科学理论之一，与相对论和量子力学并称为20世纪三大科学革命。不仅在科学领域，在日常的政治和经济活动中，人们也开始意识到，简单的线性系统可能并不可靠，大自然和人类社会可能带有混沌的特质。

庞加莱的工作再次确认，三体问题以及更多天体的问题，无法找到精确的方程解答。刘慈欣在科幻小说《三体》中想象了三体人穷尽自己所能，也无法准确预测自己的三个太阳的运行规律。三体人只能放弃故土，伺机殖民地球。现代科学家可以利用计算机的数值能力近似地求出三体问题的解，帮助飞船走上前往月球和火星的正确轨道。但我们深知，太空旅行中的每一步都战战兢兢、如履薄冰，影响飞船的天体实在太多了，下一秒钟的轨道不确定性过于复杂。每一次向外探索时，我们都心怀对科学的感激，同时又抱有稳定幸存的感恩。

让我们回到一开始的瑞典国王的难题上：太阳系到底是不是稳定存在的？根据庞加莱的证明，太阳系包含了太多天体，比三体问题更复杂，当然是混沌的，也就是不稳定的。但是，这种不稳定在短时间内不一定能被人类察觉，不稳定也不一定都体现为星球到处乱飞。太阳系混乱却温柔，在长期混沌与短期稳定之间寻求平衡。这就是宇宙的真相，也是科学失败与成就的隐喻。

1912 年，庞加莱因前列腺问题接受了手术，随后因栓塞而去世，享年 58 岁。他被葬在巴黎蒙帕纳斯公墓的庞加莱家族墓地。2004 年，在法国国家教育部长的提议下，庞加莱被重新安葬在巴黎先贤祠，位列法国最高荣誉纪念堂。

12

寻找火星人的富商

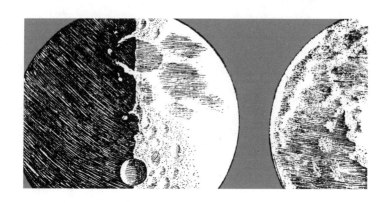

珀西瓦尔·洛厄尔

美国天文学家、商人、作家

Percival Lawrence Lowell
1855—1916

在美国科罗拉多高原的南部边缘，有一座亚利桑那州的小城旗杆市（弗拉格斯塔夫），它的海拔有2 000多米。传说一群波士顿人来到这里，为了庆祝美国独立百年，用一根剥落的松树做成旗杆，升起美国国旗，旗杆市因此得名。

19世纪80年代，旗杆市迎来了大发展的机遇。因为横贯美国东西部大陆的铁路线的开通，旗杆市成为这一地区最大的城市。也是在这一时期，这里建立了一座天文台。天文台靠私人基金的运作，招揽杰出的天文学家，安装最精良的望远镜。天文台和望远镜直到今天还在使用。[1]

洛厄尔建立的这座天文台是美国最古老的天文台

之一。这座天文台已经成为美国历史地标，其中的旗舰望远镜是建造于 2006 年的"洛厄尔发现"望远镜，口径 4.3 米，是美国第五大望远镜。这里的天文学家利用地面和太空中的望远镜开展了广泛的天体物理学研究。寻找近地小行星，调查海王星以外的柯伊伯带，寻找太阳系外行星，长期跟踪研究太阳稳定性，以及探索遥远星系的恒星形成过程，都是洛厄尔天文台的研究重点。

但是，洛厄尔建立天文台另有目的，他想找到火星人。

故事还要从 17 世纪的伽利略用望远镜指向星空开始说起。随着望远镜在天文学家之中逐渐普及，越来越大的望远镜被制造出来。火星在地球轨道之外围绕太阳运动，每两年多时间，会有一次火星、地球和太阳排列成一条线的机会，这时地球和火星距离比较近。此刻观测到的火星最明亮，看起来尺寸也最大。这就是观测火星的最好机会，在天文学上叫"火星冲日"。1651 年、1653 年和 1655 年，连续三次火星冲日让欧洲的天文学家有机会观测到火星表面更清晰的细节。天文学家反复用更好的望远镜观测火星后兴奋地发现，火星表面笼罩着浓厚的大气，南北两极覆盖着若隐若现的白色冰盖。他们跟踪火星表面的某些特征，知道了火星自转的方向和周期。让人类惊讶的是，火星的自转周期和地球非常接近，大约是 24.6 小时自转一圈，火星上的一天比地球长 40 分钟左右。而且，火星有着和地球差不多的自转轴倾斜角度。

火星和地球这么相似，会不会有像地球这样的江河湖海、高山平原和丰富的自然气候，甚至生命？这颗行星很快就成为天文学家热衷于谈论的话题，对它的探测也一直在推动着更大和更精良的望远镜技术的发展。比如，18 世纪初的天文学家发现，火星南极的冰盖会随着时间变化扩大和缩小，这是不是火星上的季节变化？19 世纪初的天文学家发现，火星有时候被赭黄色的面纱覆盖，这是不是火星上正在掀起一场沙尘暴？这些事实让天文学家脑洞大开。自转周期决定的昼夜交替的节奏和地球差不多，自转轴倾角决定的四季交替的程度也和地球差不多，有空气、冰盖和坚实的陆地——这岂不是另一个地球？

1877 年又是一次火星冲日。这一次冲日恰逢火星位于距离太阳最近的位置上。这种火星冲日比较特殊，对火星的观测更有利，十多年才有机会遇到一次，在天文学上被称为"大冲"。意大利天文学家乔瓦尼·维尔吉尼奥·斯基亚帕雷利用 22 厘米口径望远镜观测火星。他在望远镜里观测到，火星上遍布着纵横交错的细条纹。斯基亚帕雷利根据观测到的景象画出了火星表面地图。在那个年代，天文照相技术还没有被发明。天文学家只能凭眼睛观察，再把观察到的情况随手绘制成素描。顺便一提，随着后来照相技术的普及，科学家更容易记录自己的观察状况，也就渐渐丧失了素描的本领。

斯基亚帕雷利观测到火星上的线条时，想起了前辈天文学家彼得罗·安杰洛·塞基设想的火星上的河道，于是称这些线条为"canale"。它在意大利文中是河道、沟渠或管道的意思，其复数形式写作"canali"。当时，美国的新闻业正在崛起。看到欧洲人的新发现，美国人急切地把关于火星的消息介绍到美国，目的就是获取关注，从标题到内容，怎么夸张就怎么来。就在介绍这些科学发现的时候，意大利语的 canali 被错误地翻译成了英语的 canals。这个词专门指人工开凿的运河，而不是天然河道。恰逢其时，世界著名的巴拿马运河和苏伊士运河正在开凿，备受世人瞩目。媒体行业的推波助澜，又助长了公众对"火星运河"的误解。天文学家也乐意让自己的发现获得声势浩大的传播。斯基亚帕雷利在他的作品《火星上的生命》中说："我们必须想象火星土壤中的这些凹陷不是我们所熟悉的形式，它们沿着直线方向延伸数千千米，宽度 100 千米或 200 千米。这些通道可能是水以及生命能在火星干燥的表面上传播的主要机制。"法国天文学家弗拉马里翁写出著名的科普作品《火星和它的宜居条件》，更有作家在此基础上推理出火星人的生活方式，出版了广为流传的《火星上的政治和生命》。[2]

这些观测、解释、想象和争论极大地刺激了远在美国的商人洛厄尔。

洛厄尔毕业于哈佛大学数学系，继承了家族的财产，又对东亚的民族文化颇感兴趣。他曾经担任美国驻韩国外交秘书和顾问，在韩国和日本生活了好几年，写了一系列关于东亚历史与风情的书，将亚洲文化介绍给他的美国同胞。因为文化事业上的这些成就，洛厄尔于 1892 年当选美国艺术与科学院院士。第二年，洛厄尔回到美国，读到了弗拉马里翁的作品，深受激励，希望以自己的力量参与探索火星和火星人的事业。

洛厄尔用个人资金，在旗杆市建立起一座天文台。望远镜制造商克拉克家族专门为洛厄尔定制了一台61厘米口径的望远镜，造价2万美元。望远镜在波士顿完成组装后，用火车运送到旗杆市，再安装到市中心。之后，天文台又在附近建造了另一台33厘米口径的望远镜。选择亚利桑那州旗杆市完全是出于有利于天文观测的考虑。这里海拔足够高，远离人口聚集的特大城市，但交通方便，易于运输必要的物资。这里地处干燥的亚利桑那州荒原，空气清澈透明。洛厄尔亲自设计天文台的建筑，包括书房和观测楼，两处相距不远。根据哈佛大学天文台皮克林教授的设计，洛厄尔建造了观测楼的穹顶，结构兼顾坚固与轻巧。

在望远镜和天文台建造的同时，洛厄尔一口气写下了《火星》、《火星及其运河》和《火星是生命的居所》三本书。通过这些作品，洛厄尔成为最著名的普及火星生命存在的作家，比前辈天文学家想得更远。根据已经确认发现的火星南北极冰盖的季节性变化和赤道地区的沙尘天气，洛厄尔推测，火星上的运河把南北极的冰盖和赤道地区的陆地连接起来。利用这些运河，南北极的水分可以被运送到干旱的赤道地区。他相信，运河的存在是为了农业灌溉，遍布火星表面的运河就意味着火星上一定存在以农业种植为生的智慧生命，也就是火星人。如果农业种植成为火星人的生存必需，那么只有强有力的统一政治体制可以实施大规模的农业灌溉工程。由此推论，火星上存在着类似地球上的文明古国那样的政治文明。

1894年，又是一次火星大冲，洛厄尔天文台建成。在整个夏天的几乎每个夜晚，洛厄尔都在望远镜旁度过。他把自己观察到的火星叠加上想象，绘制成图画。但是，他的助手安格鲁·埃利科特·道格拉斯并不完全认同这些图画，他在望远镜里根本没有观测到明显的运河结构。本着科学的求真态度，道格拉斯坚持自己的观点，反驳洛厄尔。洛厄尔坚持己见，道格拉斯最终离开天文台，前往亚利桑那大学，后来成为亚利桑那大学天文系主任。

随着越来越多的天文学家持续观测火星"运河"，人们也越来越怀疑之前的结论走得太远，并不完全可靠。芝加哥大学天文学教授爱德华·埃默森·巴纳德没能通过望远镜观测到火星运河。英国的约瑟夫·爱德华·埃文斯和爱德华·沃尔特·蒙德反复试验后认为，之前洛厄尔观测到的大部分火星运河只是光学幻象。由于望远镜的质量不稳定，观测到某些点状特征的时候，镜片的误差会把这些特征拉伸成线条。再加上疯狂期待火星人的心理作用，洛厄尔大大高估了火星河的真实性。更多的证据和分析也接踵而至。英国自然学家阿尔弗雷德·拉塞尔·华莱士出版了《火星适合居住吗》一书，专门针对洛厄尔的主张。华莱士分析，火星远离太阳，大气层也没有显得比地球更浓密，所以从逻辑上说，火星表面一定比地球冷得多。再加上大气压力太低，火星表面不可能存在液态水。当时，分析光谱的设备刚开始在望远镜上被使用，天文学家好几次尝试利用光谱设备在火星上寻找水分子的观测都以失败告终。华莱士的结论是，火星上根本不具备生命存在的基础条件，更不可能存在高等复杂生命，所以洛厄尔所说的灌溉系统只是想象。[3] 天文学家欧仁·米歇尔·安东尼亚迪用巴黎天文台83厘米口径望远镜观测火星，也没有观测到任何河道的线条。1909年，比利牛斯山南比戈尔峰上新建的天文台观测了火星，并且拍摄了清晰的照片。这张照片让火星运河理论完全失信。

洛厄尔和他招募的天文学家都没能进一步发现火星人的蛛丝马迹。实际上，直到100多年后的今天，利用大量火星探测器近距离勘探火星表面，依然没有发现任何生命迹象。洛厄尔信奉和追求的火星人计划完全失败。但今天，洛厄尔天文台所在的这座小小丘陵还是被当地人亲切地称为"火星山"。1916年，洛厄尔在天文台去世。他的遗骨就安葬在火星山61厘米口径望远镜附近。[4]主流天文学界不再坚持火星上遍布着复杂的建造物这个观点，但火星运河理论影响了科幻文学和电影行业。20世纪初的美国人欢喜地迎来电影的发明，大批火星人攻占地球的科幻作品成了大荧幕上最早的画面。斯基亚帕雷利误解了观测现象，媒体误解了天文学家，洛厄尔误解了科学推论。但天文台还在，在天文台工作的学者还在，为了火星事业建造的大型望远镜也还在。

洛厄尔终其一生都没有放弃探索火星人。在他去世后，洛厄尔天文台在家族信托基金的支持下继续运作。洛厄尔去世14年之后，他当年招募的观测助手克莱德·威廉·汤博利用33厘米口径望远镜发现了一颗新的大行星，后来被命名为"冥王星"，成为太阳系的第九大行星。除了发现冥王星，洛厄尔留下的这座天文台还观测到星系远离我们的速度，从而确认了宇宙正在膨胀，发现了天王星的光环、哈雷彗星的周期变化、迄今为止第三大的恒星、冥王星的大气层，为冥王星的两颗卫星精确确定轨道，发现天王星卫星上的干冰成分和木卫三上的氧气，发现受海王星引力影响的第一颗小行星，以及一颗太阳系外行星上包含水蒸气。[5]

在洛厄尔的晚年，火星运河与火星人项目已经被搁置起来。他倾尽家财建造天文台追寻自己的火星梦，看起来可能过于执着，执着到了听不进任何反对意见的程度。探寻火星生命的工作充满了科学价值，理由绝对正当。对科学的执着和对崇高的追求，并不一定换来科学的积极成果，人力、物力和足够的时间与耐心，也不一定换来丰厚的科学发现。科学难以计划，也并非依存于某个人的兴致。这也许就是科学显得冷冰冰的地方，是这个宇宙略微无情之处。但这不要紧，科学的成果未能及时涌现，科学的遗产却可以层层累积，在未来的岁月中觉醒，在宇宙的其他目标上发光。

13

火山还是陨星坑？

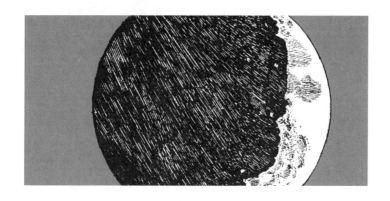

格罗夫·卡尔·吉尔伯特
美国地质学家

丹尼尔·巴林杰
美国地质学家、商人

Grove Karl Gilbert
1843—1918

Daniel Moreau Barringer
1860—1929

西经 111°01′20.62″，北纬 35°01′37.17″，这个坐标位于美国亚利桑那州北部沙漠，海拔 1 700 米，周围人烟稀少，最近的城市在 29 千米外的温斯洛，40 号州际公路从附近经过。这个位置是著名的巴林杰陨星坑，是地球上首个被确认的陨星坑，也是美国自然地标景观。但是，首先对这里展开科学调查的科学家格罗夫·卡尔·吉尔伯特没有把这里当作陨星坑。

吉尔伯特 1843 年生于美国纽约，从罗切斯特大学毕业，后经历美国内战。他 28 岁加入美国地理勘探团队，成为美国最早的地质学家。3 年后，他加入了落基山地区的地质勘探项目，在那里工作了

5 年。在此期间，吉尔伯特出版了一本地质学著作《亨利山的地质学》（*The Geology of the Henry Mountains*）。1879 年，美国地质调查局成立。吉尔伯特被任命为高级地质学家，他在这一岗位上工作到去世。他先后研究了大盐湖和邦纳维尔湖的地质情况，发表了多项地质学报告。[1]

　　1891 年，吉尔伯特首次注意到亚利桑那州的这座圆形山口。这里位于旗杆市和温斯洛之间，整个圆形山口的直径大约 1 200 米，山口中心最低处有 170 米深。吉尔伯特凭直觉认为，这座山口是一座火山，而不是陨星坑。他的理由是，陨星坑在被撞击的时候迅速加热，下方的铁矿快速磁化，应该能观察到磁性异常情况，但这里完全正常。另一个理由是，他当时认定形成 1 000 多米宽的陨星坑，陨石要达到几百米直径，应该能找到非常丰富的陨石残留碎片，但现场也没有太多发现。更何况，在这里西北方向 60 多千米处就有很多死火山遗迹，整个亚利桑那州沙漠区可能遍布火山。

　　技术层面的证据当然有一定道理，但让吉尔伯特坚定信念的是这些技术层面证据背后更深层次的理由。当时，人们普遍不愿意接受天外流星对地球的地质能产生这么剧烈的影响。天与地，太空与地球，宇宙与人间，从古希腊时代开始就被看成明确区分的两个世界。经过中世纪、文艺复兴、科学革命和近代工业化的几千年岁月，人类对天与地的哲学思考依然没有突破"两个世界"的概念。宇宙规律和谐统一，空间浩瀚却背景漆黑，星辰深远；而人间旦夕祸福、生死无常，风霜雨雪难以精确预告，海啸和地震更是无法精确预测。古希腊人在两个世界之间放入一条界线，那就是月亮的轨道。月亮以下俯瞰人间，月亮之上仰望天界。虽然牛顿用万有引力把苹果、月亮和彗星统一到一种作用力当中，但科学概念的进步不一定带来精神状态的全面升级。或者说，精神状态可能很难发生根本性变迁。今天的人工智能和1 000多年前织布机的技术含量相差巨大，但今天的人和1 000多年前的人类情感完全相通。

地球相对独立、自成一格的完善系统，完全有可能通过自身的地质活动制造出各种复杂的地理样貌。峡谷、高山、盆地、褶皱……作为美国地质调查局的高级地质学家，什么复杂的地形没见过，火山爆发后彻底休眠，就可以形成亚利桑那州圆形山口。至于为什么在山口外侧会发现一些零星的陨石碎片，吉尔伯特解释说这只是巧合，在这附近曾经有过别的陨石。

吉尔伯特不再专注于亚利桑那州圆形山口。第二年，他把目光投向了月亮。他即将卸任华盛顿哲学协会主席，做了主题演讲，题目是《月球的面孔：其特征的起源研究》(The Moon's Face: A Study of the Origin of Its Features)。吉尔伯特在演讲中说，月亮上遍布着的环形山是陨石撞击的结果。他的证据是，火山形成的圆形山口通常呈圆锥形，越到山顶越收窄。比如日本的富士山和非洲的乞力马扎罗山，都是著名的圆锥形火山。而月亮表面的环形山周围的峭壁直上直下，没有收窄的迹象，因此一定不是火山。再有，月亮上有几座大型的环形山周围有放射线，这就是陨石撞击后向四周喷溅的证据。吉尔伯特进一步认为，月亮本身的形成过程一直伴随着陨石的撞击，月亮就是一座保存着历史上猛烈撞击遗迹的天然博物馆。[2]

吉尔伯特把地球上的圆形山口看成火山，而认为月亮上的环形山口一定是陨星坑。这样的分别对待，也反映了他对天地两重世界的不同理解。月亮是遥远的天体，浸泡在宇宙星际空间中，受到陨石的撞击在所难免。月亮是人类的身外之物，它的地质面貌受到外力的影响也可以接受。

在此之后，吉尔伯特加入阿拉斯加的远征队，当选美国科学促进会主席。在此期间，他对美国的山川地势进行深入研究，成为非常了不起的地质学先驱。几年之后，亚利桑那州圆形山口被钢铁大亨盯上了。

巴林杰家族世代叱咤政商两界。丹尼尔·巴林杰出生于1860年，父亲是国会议员，叔叔是美国内战期间南方军队准将。巴林杰19岁毕业于普林斯顿大学，22岁毕业于宾夕法尼亚大学法学院，之后在哈佛大学和弗吉尼亚大学攻读地质学和矿物学专业。离开大学后，巴林杰与朋友合伙购买了亚利桑那州科奇斯县的矿山。因为科奇斯县的金矿和银矿产量丰富，再加上附近的皮尔斯又发现了新的银矿，巴林杰很快因采矿而成为富豪。

巴林杰了解到他的矿山附近有一座吉尔伯特研究过的火山口，因此到火山口进行实地勘探。不同于吉尔伯特的是，他认为这是一座陨星坑。这么大规模的陨星坑，下方可能埋藏着巨量铁陨石，也就是丰富的铁矿。当时美国钢铁价格是每吨125美元。按照巴林杰的设想，如果陨星坑是由一块铁陨石撞击形成的，这块陨石重达一亿吨，就算其中只有 30 万吨的部分是铁矿，他也可以因此获利几千万美元。

巴林杰和朋友、物理学家本杰明·C. 蒂尔曼发表论文论证这里是陨星坑，这是人类首篇讨论地球上现存的陨星坑遗迹的学术论文。[3]巴林杰还成立了标准钢铁公司，向政府申请获得了这座火山口的采矿权，在山口内外进行钻探研究。很快，钢铁公司在陨星坑里发现了一块 0.6 吨重的铁陨石。巴林杰受到鼓舞，投入更大的人力和物力，继续勘探。

可惜，这次的投资没有立即产生丰厚的金钱回报。但巴林杰没有轻易放弃。进一步的勘探虽然让巴林杰坚信这里就是陨星坑，但却没能找到他所期盼的丰富铁矿。对山口的开采一直持续进行，巴林杰已经为此投入了 60 万美元，却没有任何收获，几乎到了破产的边缘。

这时，巴林杰的朋友、天文学家福里斯特·雷·莫尔顿计算了陨石撞击时产生的热量，并得出结论，陨石中的大部分物质在落到地面之前就已经在空气中燃尽。1929 年 11 月 30 日，巴林杰在读完新一轮勘探报告，终于相信这里真的没有铁矿后，因心脏病发作而去世。1903—1929 年，巴林杰的标准钢铁公司努力了 26 年，除了那块 0.6 吨的铁陨石之外，再无其他可喜的发掘，钢铁公司宣告倒闭。

此后 30 年间，山口和矿区无人问津。直到 1960 年，天文学家尤金·休梅克在山口附近发现了极其珍贵的斯石英和柯石英。这是两种特殊结构的二氧化硅矿物质，其产生条件是瞬间的高温和挤压，在自然环境中只有两种条件能形成，一种是陨石撞击，另一种是核试验。休梅克发现这两种物质，可以证明被吉尔伯特放弃和让巴林杰破产的山口的确是陨星坑。虽然陨星坑的撞击现场发生在远古时代，但休梅克让现代人目睹了一场天地撞击的现场直播。1993年，休梅克和妻子卡罗琳·休梅克以及朋友戴维·利维共同发现了一颗彗星。这是他们三人合作发现的第九颗彗星，所以被命名为休梅克-利维九号彗星。在三人发现彗星之前，这颗彗星就已经在木星引力的作用下碎裂成很多块。计算显示，这颗彗星将于1994年7月16日撞击木星。彗星分裂成的21个碎块在世界标准时间当天晚上8点钟以20万千米的时速冲入木星。当时全世界的主要天文台和大型望远镜都密切关注了这场罕见的"彗木相撞"盛况。遗憾的是，休梅克在几年后因车祸去世。

吉尔伯特在巴林杰努力挖矿的年代去世，其后巴林杰也作古。20世纪60年代之后，天文学界终于确认，亚利桑那州旗杆市附近约60千米处的这座圆形山口就是陨星坑。为了纪念首次将这里视作陨星坑的巴林杰，陨星坑被命名为巴林杰陨星坑。造成陨星坑的陨石直径约50米，富含铁镍合金。陨石一半的物质在撞击前已经气化，融入地球的空气。其余部分在撞击的过程中气化，只有少量碎片散落在陨星坑周围。撞击时的速度超过每秒十几千米，比最快的战斗机还要快10倍，撞击产生的能量相当于1 000万吨TNT（三硝基甲苯）爆炸。撞击发生于距今约5万年前，当时人类已经进入旧石器时代晚期，学会了制作精细的石头工具，喜欢在岩洞的崖壁上创作图画，迁徙到了亚洲，还没有进入美洲这片土地。当时的气候比现在湿润和凉爽，有猛犸象和其他哺乳动物出没。

巴林杰去世了，留下了妻子和 8 个孩子。他们以巴林杰家族的名义组建了巴林杰陨星坑公司，家族企业至今仍保留这座陨星坑的所有权。[4] 今天，陨星坑公司负责经营这里的旅游项目。巴林杰陨星坑每年吸引 20 多万名游客，每名游客的门票大约 20 美元。再加上附属设施的配套开发，陨星坑公司比当年的钢铁公司效益好多了。

吉尔伯特正确预言了月亮环形山产生的原因，奠定了月球陨石地质学的基础，却对自己脚下的陨星坑视而不见。巴林杰出于经济目的，期盼脚下的陨星坑能挖出铁矿，却因无法理解陨石撞击的能量过程含恨而终。两位地质学家持有相反的论点，却共同促进了科学对巴林杰陨星坑的深入探究。从吉尔伯特到巴林杰，从火山口到陨星坑，经过几十年的追寻，人们逐渐认识到，天外来客真的会对地球表面景观产生巨大的影响，甚至造成重大灾难。两位地质学先驱先后开创的陨石科学，也启发了后来的学者真正认识到恐龙灭绝的原因可能是一次陨石撞击事件。既然历史上的撞击能造成巨大灾难，人类就必须关注未来可能发生的撞击。世界各国在此之后开始部署对靠近地球的小行星和陨石的监测和预警系统，研究撞击的可能性，以及未来具有潜在撞击危险的目标。

在美国加利福尼亚州和阿拉斯加州，分别有一座以吉尔伯特的名字命名的山。以吉尔伯特的名字命名的奖项是美国行星科学领域的最高奖。由于巴林杰陨星坑与月球上的陨星坑非常相似，所以在 20 世纪 60—70 年代，美国国家航空航天局利用这里的地形，为阿波罗计划训练登月宇航员。吉尔伯特一定不会想到，在他的目光从地面转向月球几十年后，年轻的宇航员在这里进行登月训练。巴林杰也一定不会想到，为了铁矿而投资的陨星坑，今天成为世界上最重要的科普教育基地之一。他挖到的那块铁陨石如今就展示在游客通道的入口处，默默不语。

14

银河系的尺度

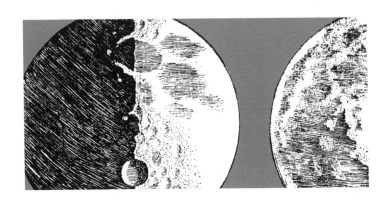

希伯·柯蒂斯
美国天文学家、古典语言学家

哈洛·沙普利
美国天文学家、记者、美国科学院院士

Heber Curtis
1872—1942

Harlow Shapley
1885—1972

　　在 19 世纪末的美国，大学里的精英教育刚刚起步，天文学的专业化训练还比不上几百年传统的欧洲大学。像洛厄尔这样的业余天文爱好者投身天文学研究的例子不在少数。

　　柯蒂斯 1872 年出生，17 岁时在密歇根大学修读古典语言学专业，从希腊语到拉丁语都是他的最爱，他甚至还学了两年希伯来语。完成了本科和硕士阶段的教育之后，柯蒂斯在底特律高中教授古典文学和拉丁语课程。半年之后，他受聘为加州一个小型教会学院的拉丁语和希腊语教授。柯蒂斯的命运在这里开始发生转折。他无意中发现学校里有一台克拉克家族制造的小型折射望远镜。看着这个无人问津的小东西，柯蒂斯眼睛发亮，心里的某些火焰被点燃。在这个学院教授拉丁语和希腊语的三年期间，他花在天文学上的自学时间越来越多，利用一切自由时间摆弄望远镜。此时，该学院的天文学教席出现空缺，柯蒂斯申请了这一职位，结果成功受聘为天文学教授。他以完全自学的才能，彻底放弃了大学所学的专业技能，在一个毫不相干的新领域成为教授，甚至在未来取得了辉煌的科学成就，这实在是一个奇迹。[1]

可能 19 世纪末的美国就是一个奇迹的时代。13 岁的柯蒂斯在密歇根大学学习拉丁语的时候，沙普利在密苏里州的一个农场里出生了。他的天分不高，父母也不太重视孩子的教育。沙普利小学五年级辍学，靠打工谋生。柯蒂斯从拉丁语转行到天文学的时候，沙普利正在为当地的《每日太阳报》做小记者，专门报道当地的犯罪案件，后来还断断续续给《密苏里时报》做过新闻记者。17 岁的时候，沙普利在当地发现了卡内基图书馆，于是利用业余时间在图书馆自学。他申请进入一所教会中学，用一年半的时间完成了六年的中学课程，后顺利毕业，并作为学生代表在毕业典礼上演讲。因为有过多年新闻工作的实践经验，沙普利打算在新闻领域深造，于是考入了密苏里大学。

新生报到的时候，沙普利发现密苏里大学的新闻学专业要推迟一年开学。无奈之下，他在专业目录中选择了其他专业。学校的专业目录按照英语字母顺序排列，排在第一位的是考古学（archaeology）。沙普利看着这个单词，发现自己不太确定它的读音，想说也说不出来，只能战战兢兢地往后看。目录上紧随考古学之后的是天文学（astronomy）。他选择了天文学，并成功入学。[2]

与此同时，柯蒂斯完成了一篇关于彗星轨道的天文学论文。1896年，他成为天文学教授，于1898年进入利克天文台工作，1902年获得弗吉尼亚大学天文学博士学位。就在20世纪最初的这几年，素昧平生的两个美国人，分别从自己钟爱的古典语言专业和新闻业转行进入天文学领域。他们两个人的未来将紧密交织在一起。

柯蒂斯在利克天文台工作期间，沙普利取得了密苏里大学天文学学士和硕士学位，在导师的建议下申请了普林斯顿大学奖学金。柯蒂斯在利克天文台沿用前任台长詹姆斯·爱德华·基勒的计划，对夜空中的星系进行广泛的搜寻整理。为了观测南半球夜空中的星系，他前往利克天文台位于智利的南方观测站工作了四年。另一边，沙普利在普林斯顿师从著名的天文学家亨利·诺里斯·罗素，研究银河系的球状星团。这是银河系内的一种恒星集团，目前已经发现100多个，每个包含几十万至几百万颗恒星，表面呈圆球状，在银河系里高速围绕银河系的中心运动，就像路灯周围的小虫围绕路灯飞舞。两个人看似研究着不相关的目标，结果却慢慢走到一起。

柯蒂斯发现，他观测到全天的星系大致可以分为两类：一类是普通的星系，在夜空中弥漫成不规则的形态，有明显的气体和尘埃的样貌特征；而另一类带有一些类似旋涡的结构，有时候还有一条黑暗的条纹横亘其中，显得特别不寻常。比如仙女星系，在梅西叶星云星团表中是M31。M31就是这种略带旋涡结构而且有暗条的星系。这样的例子不止 M31 一个。柯蒂斯开始怀疑，这种特殊的星系和普通星系不是同一种天体，旋涡状带暗条的星系可能根本就不是星系。银河系自身也具有旋涡结构，当我们看夜空中的银河时，也能看到中间横亘着一段暗条。柯蒂斯展开联想：有没有可能这些特殊的星系本质上就是和银河系一样的东西，是独立于银河系的其他星系？也就是说，这些特殊的星系根本不属于银河系，而是位于更远的银河系之外的宇宙空间中。如果自己推测的方向可靠，就意味着银河系本身的尺度不算很大，仅仅是宇宙中的大量星系之一。这让柯蒂斯想起了 18 世纪中叶德国哲学家康德提出的"宇宙岛"概念，即整个宇宙就像漫无边际的汪洋大海，银河系只是大海上的一座小岛，海上还有很多其他岛屿，也就是其他星系，M31 就是另一座岛。

博士毕业后，沙普利来到威尔逊山天文台工作，在这里继续研究他的球状星团。1918 年，沙普利发现，已知的这 100 多个球状星团似乎在天空中随机分布，但某一个方向上的球状星团看起来数量更多，在相反的方向上却很少。他猜测球状星团围绕银河系中心运动，所以它的分布应该以银河系中心为中心。如果从地球上看，球状星团偏到一侧，就暗示地球和太阳远离了银河系中心。沙普利认为，银河系一定非常庞大，要容纳这么多球状星团在空间上的分布，还要容纳像 M31 这样的星系。换句话说，银河系就是宇宙本身。[3]

到此为止，柯蒂斯和沙普利不约而同地提出了关于银河系大小尺寸的理论。柯蒂斯认为，银河系比较小，我们就在它的中心附近，其他螺旋星云都是独立的星系。沙普利认为，银河系非常大，螺旋星云也是银河系的一部分，我们偏离银河系的中心。教拉丁语的柯蒂斯和报道犯罪案件的记者沙普利本来没有任何交集，现在终于走到一起，提出了一大一小两个相互矛盾的银河系理论。

20 世纪的最初 20 年，天文学家为银河系的尺寸问题争论不休，柯蒂斯获得了大量支持，沙普利也找到了自己的拥护者。为了彻底解决银河系尺度问题，威尔逊山天文台台长乔治·埃勒里·黑尔向美国国家科学院建议，举办一次学术活动，专门讨论银河系的问题。

黑尔和科学院行政负责人通过邮件往来，商议在 1920 年 4 月以科学院的名义在华盛顿国家自然历史博物馆举办学术会议。黑尔希望邀请柯蒂斯和沙普利分别以"宇宙的尺度"为主题发表公开演讲，每人 45 分钟，之后再综合讨论。这场学术讨论活动史称"世纪天文大辩论"。起初，柯蒂斯和沙普利都不太情愿参与这样的公开对抗活动。面对同行和众人针尖对麦芒，总会让人觉得不舒服。但最终，黑尔分别说服了要参加辩论的双方。在通信中，双方当事人反复沟通辩论活动的细节，比如把单独发言时间改为 40 分钟，在公开场合不要把该活动称为"辩论"，等等。

1920 年 4 月 26 日晚上 8 点 15 分，48 岁的柯蒂斯和 35 岁的沙普利分别站上自己的讲台，在博物馆报告厅向天文学界同行陈述自己的思想。晚上 9 点 30 分，双方和各自的支持者开始

辩论。[4] [5]

沙普利找到了强有力的支持者、威尔逊山天文台的天文学家阿德里安·范·马南，他是研究螺旋星云的专家。范·马南专门针对柯蒂斯关心的螺旋星云提出了疑问。风车星云 M101 是柯蒂斯所说的典型的螺旋状带有暗条的星云，范·马南在观测风车星云的时候，观测到了星云的转动。如果在很有限的时间内，星云的转动就能引起注意，就证明风车星云转动的角度足够大。如果风车星云像柯蒂斯所说的远在银河系之外，它的转动速度就必须足够大，大到超过光速，这是不可能发生的事。由此证明，风车星云位于银河系内部很近的地方。沙普利乘胜追击，说自己曾经观测到仙女星系中的一颗新星，这颗新星的亮度曾经在短时间内超过了整个仙女星系的亮度。如果按照柯蒂斯的观点，即仙女星系是独立于银河系的星系，那么将无法解释其中一颗恒星的巨大能量来源。

柯蒂斯承认，如果范·马南的观测结果正确，就可以证明沙普利的大银河系理论正确，但他非常怀疑范·马南是不是在观测中出了错。柯蒂斯也对沙普利一派进行了反击。仙女星系是柯蒂斯关注的对象。他提出，在仙女星系中能发现大量新星和超新星等特殊恒星，其数量已经超过银河系内其他方向的新星数量总和。如果沙普利所言不虚，即仙女星系只是银河系的一部分，那为什么它所包含的新星数量会超过银河系其他全部区域的？唯一合理的解释就是，仙女星系根本不属于银河系，它甚至有可能是比银河系规模更大的星系。

就像世界上任何一场公开的学术辩论活动一样，国家自然历史博物馆里的这场辩论也不会有人当场认输。但是，观众已经理解了双方的证据、逻辑思维过程和存在的问题，这就足够了。

柯蒂斯从现象入手，发现仙女星系是银河系之外的独立系统，这是正确的。但柯蒂斯和赫歇尔一样，没有考虑到星际气体和尘埃减弱了星光，所以他心目中的银河系范围仅仅是太阳附近的小区域。整个银河系比柯蒂斯想象的要大很多，太阳也不是银河系的中心。柯蒂斯严重低估了银河系的尺度。

反观沙普利，他从球状星团入手，发现太阳偏离银河系中心，这也是对的。但他和范·马南观测风车星云时犯了错误，没有正确意识到测量的误差。风车星云确实会旋转，但在有生之年里，人们不可能注意到它的转动。

柯蒂斯和沙普利互不相让，直到几年之后，天文学家哈勃才将这场辩论彻底终结。哈勃利用威尔逊山天文台的望远镜，在仙女星系中找到了一颗特殊的恒星，根据这颗恒星的亮度变化规律，计算出了精确的距离。这个距离远远超过了柯蒂斯提出的银河系直径，也远远超过了沙普利提出的银河系直径。也就是说，无论你相信柯蒂斯还是沙普利的银河系尺寸，仙女星系都必须位于银河系之外。从这个角度来说，柯蒂斯的宇宙岛理论取得了胜利，但真实的银河系比他理解的还要大得多。

大辩论之后，柯蒂斯成为密歇根大学天文台台长，沙普利成为哈佛大学天文台台长。1942年，柯蒂斯因病去世，享年70岁。在柯蒂斯去世后第二年，沙普利当选美国天文学会会长。1972

年，沙普利去世，享年 87 岁。

历史就是这么有意思。两位文科生都阴差阳错地转入了科学领域，得出了完全相反的科学结论，分别利用自己的文学才能展开辩论，唇枪舌剑。两人掀起的现代天文史上最重要的世纪大辩论，将现代天文学对星系、宇宙、距离等基础概念的认识推进了一大步。柯蒂斯和沙普利各自发现了真相的一部分，忽视了另一部分。他们之间的辩论成为一个整体，完整地呈现了 20 世纪初的天文学对宇宙的基本认知。辩论双方的论点的一部分精华相互融合，就可以得到更深刻的答案。而双方辩论的过程，充满了数学逻辑、物理推导过程和天文观测数据的支撑。二人都在理性的思维框架内坚持理想。与其说这是一场辩论，不如说是给后生晚辈的一堂公开课。辩论不是内斗或内卷，而是有限的时代产生的伟大理性的顶峰。柯蒂斯和沙普利不是敌手，他们是共同面对宇宙疑难的队友。他们各自对银河系尺寸和结构的错误观点，也仅仅是伟大拼图中稀缺的那几块。

15

拒绝承认恒星的宿命

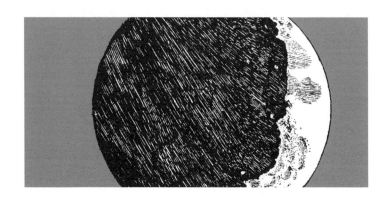

亚瑟·斯坦利·爱丁顿

英国天文学家

Arthur Stanley Eddington
1882—1944

亚瑟·斯坦利·爱丁顿出生于 1882 年，家境还算殷实。父亲是当地一所中学的校长，在爱丁顿两岁的时候死于伤寒大流行，留下母亲独自照顾爱丁顿和姐姐。爱丁顿幼年时期在家跟着母亲和姐姐学习，11 岁时入读当地的学校，成绩优异，尤其展现出在数学和文学方面的天赋。16 岁的时候，爱丁顿获得了 60 英镑的奖学金，有资格进入欧文斯学院（后改组成如今的曼彻斯特大学）。他修读了一年通识课程后选择了物理学专业。爱丁顿在大学期间受到好几位优秀师长的影响，进步神速。4 年之后，20 岁的爱丁顿获得科学学士学位，以一级荣誉级别毕业。同时，他获得了来自剑桥大学的 75 英镑奖学金，进入剑桥大学三一学院，这里是牛顿和麦克斯韦学习和工作过的地方。3 年之后，爱丁顿获得硕士学位，进入卡文迪什实验室，后来又到格林尼治天文台工作。

爱丁顿到格林尼治天文台后接手的第一项工作是观测 433 号小行星爱神星。当时，天文学家已经可以使用照相技术把观测影像记录到照相底片上。在不同的时间观测到的爱神星的照相底片上，可以看到爱神星背后的背景恒星出现了位移。如果我们认为背景恒星距离特别遥远，那么这个位移其实就是地球处在两个不同位置时看到近处的爱神星的方向偏差。爱丁顿基于这些原理，发展了一套精确的统计方法，精确测定了爱神星的距离。爱丁顿刚毕业就做出了原创性贡献，改善了天文学家的工作方法，一举震惊了天文圈。因为这项工作，剑桥大学授予他毕业生的最高荣誉——史密斯奖。有了这一奖项的加持，爱丁顿受聘为剑桥大学研究员。这一年，他只有 25 岁。[1]

在剑桥大学和格林尼治天文台的岗位上，爱丁顿继续探索恒星的世界。1912 年，剑桥大学教授职位出现空缺，他被选为天文学终身教授。一年之后，剑桥大学天文台台长职位也出现空缺，他又兼任台长，同年入选英国皇家学会。

爱丁顿试图理解恒星的内部世界。他从一种类型的变星入手，试图理解这类恒星的亮度为什么会发生有规律的变化。他用自己丰富的物理学知识推敲观测数据，提出了一套模型，以解释恒星亮度的变化。他认为，恒星本身的质量巨大，所以有向内收缩的巨大引力。恒星之所以没有向内塌陷，一定是因为向外的能量辐射起了作用。向外的辐射形成了压力，对抗着向内的引力。当两种力量保持统一的时候，恒星就处于稳定的平衡状态。而两种力量缺乏平衡的时候，恒星就有可能处于收缩、扩张、收缩、扩张的不稳定之中。更精确的模型需要研究恒星内部各个部位的温度、密度和压力。爱丁顿在前人的基础上，正在尝试建立整颗恒星完整的三维模型。这当然是开天辟地的工作，爱丁顿时年只有 32 岁。

开天辟地的理论，就需要更加坚实的证据。爱丁顿还真找到了这样的证据。如果恒星的内部情况真的如爱丁顿所说，那就意味着恒星的引力与辐射必须满足一定的平衡关系。引力由恒星自身的质量决定，而辐射产生的结果就是恒星的亮度。因此，恒星的质量一定与它的亮度之间存在着某种确定的关系。爱丁顿提出了天文学中的重要概念，即质量-光度关系。[2]有了这样一条规律，宇宙中的所有恒星，无论什么颜色，什么亮度，或远或近，或大或小，都被囊括在一个统一的规则之下。

如此重要的成果没有终结爱丁顿继续探索的脚步。他深入思考恒星的辐射，思考恒星产生能量的来源。当时，这是一个完全空白的领域。恒星的能量到底从什么机制中获得，还完全没有头绪。爱丁顿在质量-光度关系的基础上思考，恒星如果要稳定持续地发光，比如太阳长达几十亿年保持这样的亮度，就需要恒星的质量也长期保持不变。质量不变，或者只有极其微小的变化，就能产生巨大的能量，地球上任何常见的燃烧方式中都无法实现这样的发光。燃烧产生能量必然导致燃料的减少。

正在此时，海峡对岸的德国人爱因斯坦发表了质能方程——$E=mc^2$。爱因斯坦提出相对论，证明物质中蕴含着巨大的能量，微小的质量 m 的损失乘以光速的平方，就可以换来巨大的能量。爱丁顿迅速成了爱因斯坦的支持者。相对论刚提出没多久的时候，大部分主流科学家都不支持这么离经叛道的学说，唯独爱丁顿给予爱因斯坦巨大的鼓励。

爱丁顿不仅在精神上支持爱因斯坦，还亲自帮助爱因斯坦做实验。1919 年，他率队远赴非洲海岸观测日全食。他希望在月亮挡住太阳的时候拍摄太阳周围恒星的照片，计算出太阳附近的恒星的星光在经过太阳的时候，受到太阳引力的影响而改变了方向。爱丁顿的观测非常顺利，成功验证了相对论。在这样的理论基础上，爱丁顿提出，恒星内部的能量来源于原子核之间的反应。4 个氢原子核结合为一个氦原子核，结合后质量损失很小。微小的质量 m 的损失代入 $E=mc^2$ 的公式，可以释放巨大的能量。爱丁顿进一步推断，要实现原子核之间的结合，必须满足高温、高压和高密度的环境条件。因此，太阳这样的恒星的核心温度必然高达上百万摄氏度。[3]

爱丁顿的模型将天文观测、广义相对论、流体静力学平衡结合起来，第一次正确提出了最高效率的恒星能量产生办法，正确解释了恒星内部发生的真实状况，开辟了恒星物理学这一全新的领域。[4]

但是，就在这个时候，爱丁顿的辉煌与伟大，差不多走到了尽头。

1930 年，他受封为骑士，获得勋爵头衔。从此之后，爱丁顿的名字之前必须加上"Sir"，以示尊重。同一年，年轻的印度学生苏布拉马尼扬·钱德拉塞卡远渡重洋，前往英国求学。他一上船就开始思考恒星的最终宿命。他认为恒星内部的电子运动速度过快，接近光速，所以在计算恒星内部结构的问题时，就必须把原始的牛顿力学修改为爱因斯坦的相对论。钱德拉塞卡在剑桥结识了导师爱丁顿，3 年后获得了博士学位。就在这几年间，钱德拉塞卡逐步完善当年在船上的设想，提出了一个惊世骇俗的新理论：恒星死亡后的宿命可能是变成由全新物质组成的致密的特殊天体。

恒星燃烧自身的核原料，烧尽之后，无法再进行核反应，停止向外释放能量。向外的辐射和向内的引力本来是一对相互平衡的作用力，现在辐射消失，平衡被打破，恒星必然在自身的引力作用下向内塌陷。这个理论是爱丁顿的伟大成果。

当时的天文学家已经发现了好几颗白矮星，它们的尺度很小，却异常致密，与恒星死亡后收缩的理论预言正好一致。爱丁顿认为，恒星向内收缩不会永无止境，而是会遇到另一个强大力量的阻止，使收缩停下来。所以，爱丁顿不相信恒星最终会变成白矮星。当恒星失去了外壳大部分物质，剩余的核心向内收缩的时候，物质相互之间变得越来越密集，就连原子和原子都挤压到了一起。每个原子都是电子围绕着原子核的结构。当原子挤到一起的时候，大量电子相互靠近，会产生巨大的排斥力，阻止这些物质彼此进一步靠近。这个力量叫"电子简并压力"。

钱德拉塞卡仔细计算,发现当恒星的质量小于某个质量极限时,电子简并压力就会阻止恒星继续收缩。当恒星的质量超过这个极限时,电子简并压力也不足以对抗收缩的力量。这个时候,恒星就只能继续收缩下去,不会停留在白矮星状态。也就是说,白矮星的质量存在某个最大值。更大的恒星会收缩成比白矮星更小的天体。

钱德拉塞卡找爱丁顿讨论自己的结果,爱丁顿鼓励他到学术会议上公开做报告。钱德拉塞卡兴致勃勃地宣读了自己的论文,但没想到的是,爱丁顿接过话来表示反对,在与会者面前拿过他的论文,当场将其撕成两半。[5]

爱丁顿说:"难道恒星可以一直收缩、收缩、收缩吗?收缩成只有几千米?应该存在一条自然定律,阻止恒星以这种荒谬的方式演化。"在公开的学术会议上,有人直接指责一位研究员的工作荒谬,这可是了不得的态度。爱丁顿的这番话让钱德拉塞卡感到极其窘迫。英国人通常不会这么直接地表态,如此严重的评价让在场的所有人都吃了一惊。更何况,这样的评价来自英国天文学界的权威人物爱丁顿。更让钱德拉塞卡崩溃的是,早在会议之前很长时间,他就和爱丁顿深入讨论过自己的想法,爱丁顿没有提出过明确的反对,还鼓励他在会议上发言,可现在却公开羞辱自己。他自然想到,这是爱丁顿故意为之,就是要让自己难堪。会后,没有人敢支持钱德拉塞卡,即便有人觉得他的理论有道理,也根本不敢公开发言。同行和朋友只能在私下里安慰钱德拉塞卡,不愿意公开与爱丁顿为敌。

半年之后，国际天文学联合会在巴黎召开大会。爱丁顿做了长达一个小时的主题报告，用大量篇幅批评钱德拉塞卡，把关于白矮星的理论斥为异端邪说和荒谬的结果。钱德拉塞卡没有机会在会议上回应这些批评。爱丁顿是学界泰斗，而钱德拉塞卡是博士毕业生。爱丁顿是皇家学会荣誉勋章获得者、皇家天文台台长、英国天文界的头号人物，而钱德拉塞卡来自遥远的印度……

　　40年后，爱丁顿早已作古。钱德拉塞卡回忆说："我感觉到天文学家都反对我，他们把我看成是一心想杀害爱丁顿的堂吉诃德，不自量力地同巨人争论。而我的工作完全不被天文学界相信。这对我来说是一段沮丧的经历。我应该继续奋斗下去吗？当时我才24岁，我想自己还可以工作30~40年，我没想过重复别人做过的事。对我来说，更好的方法是改变兴趣，进入别的领域。"

　　这场争论以钱德拉塞卡的放弃而告终。他离开英国，到了美国，在哈佛大学做访问学者，又辗转到了叶凯士天文台，最终成为芝加哥大学教授。从此之后，他养成了一个习惯，在天文学的某个领域内钻研，取得突破性的成果，写出一本教科书级别的著作，不出十年，一定会转行到另一个领域。他说，这样可以避免自己深陷某个特定的领域，成为学阀。他要让自己在任何领域研究的时间都不长，这有助于自己谦卑地面对年轻人。40年代，他研究恒星的内在结构；50年代，他开始解决辐射转移的问题；60年代，他投身等离子体和流体力学的课题；70年代，他专注于热力学平衡；到了80年代，他的兴趣又转向了黑洞和引力波的探索。在美国期间，他深受学生的喜爱，大家亲切地称他为"钱德拉"。钱德拉塞卡后半生一直努力避免打压任何青年学生。做《天体物理学杂志》主编期间，他经常提携和鼓励学生发表自己的观点。他曾经往返300多千米，在暴风雪的天气专程去给学生上课。那堂课上只有两名学生，他们是获得诺贝尔物理学奖的杨振宁和李政道。

经过几十年的沉淀，当年被爱丁顿反驳的白矮星理论早已被天文学界普遍接受。1983年，迟来的诺贝尔物理学奖终于授予了钱德拉塞卡。但他本人却说："我早已原谅了爱丁顿，如果他当年支持了我的想法，也许对天文学早一天重视白矮星和黑洞大有好处，但对我个人不一定是好事。我太年轻，面对天文学最辉煌的成就，我不能肯定自己会变成什么样。"[6]

功成名就的爱丁顿晚年打压了钱德拉塞卡，让探索白矮星的脚步停滞了几十年，却打压出了一个淡泊名利、善待学生和在多个领域都有所建树的钱德拉塞卡教授。直到今天，我们也很难说得清爱丁顿打压钱德拉塞卡的真正原因，是骄傲自大、种族歧视，还是另有隐衷？我们可能永远没有答案。但它让我们透过两位天文学家的矛盾，看到了知识精英的成长与成就，也学到了珍贵如钻石般的谦卑美德；我们看到了个人才智的有限，也学到了辗转腾挪的奋起；我们看到了人际关系对科学的影响，也学到了艰难跋涉的闪耀之路。

16

LOMO 工厂的光学失败

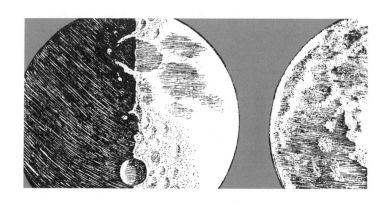

苏联大望远镜

地平式 6 米口径大望远镜，曾经的世界第一大望远镜

19 世纪中后期，工业时代走向成熟，各国都开始以巨额资本或国家力量主导大型望远镜的建造。天文学家明白，望远镜的口径越大，就能集中越多的星光，探索更深远的宇宙，发现更深刻的真相。所以，在天文学的发展历程上，有一场关于望远镜尺寸的竞赛。

在关于宇宙尺度的大辩论之后，美国天文学家黑尔说服了洛克菲勒基金会，获得 600 万美元的资助，建立更大规模的望远镜。1949 年 1 月 26 日，美国帕洛马山天文台 5 米口径望远镜终于落成。这台望远镜一举成为世界上口径最大的望远镜。

在 20 世纪四五十年代的特定历史环境中，美国的胜利就意味着苏联的失败。黑尔望远镜落成的时候，苏联最大的望远镜是建于 1885 年的老古董普尔科沃天文台望远镜，它的口径只有 76 厘米。二战后，在良好的经济环境助力下，美国吸引了天文学领域的人才和新技术，大量欧洲天文学家前往美国。苏联看到这些，不甘心就此落后，开展了新的超越计划。

1960 年，苏联国家光学和机械厂建成克里米亚天文台 2.6 米口径望远镜，这台望远镜是当时苏联和欧洲最大的望远镜。夺回欧洲第一还不够，苏联铆足了劲儿，打算挑战世界第一的地位。

约安尼西阿尼早年在列宁格勒机器制造厂当工人，后来成了绘图员。他在青年时代参与过一些培训课程，在工厂的实践中锻炼了自己的技术能力。25 岁时，约安尼西阿尼进入列宁格勒光学仪器厂工作。这座工厂的名字在俄语中的字母缩写为"LOMO"，它生产过的一种使用 35 毫米胶片的小型照相机，光学成像质量不佳，成像的四角暗淡，颜色对比过于强烈，在 20 世纪 80 年代停产。很多年后，两名奥地利学生偶然发现几台老古董的 LOMO 相机。他们发现这些相机的确有瑕疵，但可以拍摄出颜色艳丽且富有艺术感的照片。两位学生劝说当时的 LOMO 工厂恢复相机的生产，工厂采纳了学生的意见。1996 年，新一代 LOMO 相机开始生产，很快成为时尚界和艺术界的宠儿。[1]

当时的约安尼西阿尼被任命为新一代大望远镜的主设计师。他任用 LOMO 工厂的班底，招揽天文学家、工程师和技术骨干，组建了大望远镜设计团队。团队最终确定了要建设 6 米口径望远镜的宏伟目标。设定 6 米这个参数，显然是为了超越黑尔望远镜的 5 米，夺取世界第一。在当时的技术条件下，6 米已经是望远镜玻璃加工的极限水平。镜片如果再大一点，就会过于沉重，镜片本身在重力和温度变化下的变形将严重影响望远镜的使用。大型望远镜还必须被安放在特别优秀的观测地点。由于靠近地面的空气流动复杂，冷热空气对流，使星光抖动严重，因此我们在地面上看到夜空中的星星会眨眼。对天文观测来说，更好的观测位置通常要求更高的海拔和更黑暗的环境。约安尼西阿尼团队派出了 16 批勘探队伍，深入苏联全境，寻找适合建造望远镜的地点。

最终，苏联希望在建造大型光学望远镜的同时，也建造一台大型射电望远镜，两台望远镜放在同一个地方，方便容纳所有天文学家一起工作。最终，大望远镜选址确定为北高加索地区的泽连丘克斯卡亚，海拔 2 733 米，临近下阿尔赫兹。1966 年，苏联在这里建立了特设天体物理台。[2]

LOMO 工厂与苏联几家光学仪器厂，再加上苏联光学研究所，共同承担了制造大望远镜的任务。望远镜最重要的组成部分是 6 米直径的主镜面。经过几年的努力，主镜面终于加工完毕。但在处理过程中，工厂的玻璃冷却流程过快，导致主镜片的玻璃中出现裂缝和大量气泡。这块主镜片制造失败，无法投入使用。紧接着，工厂第二次制作主镜镜片。有了上一次的经验教训，第二块镜片延长了冷却退火时间，改善了一部分玻璃加工工艺，成品比第一块确实有所改善，但玻璃表面依然充满气泡和裂纹。

苏联花了 10 年时间研制，已经投入了巨大的人力物力，面对不完美的镜片也只能硬着头皮往下进行。1975 年，大望远镜安装完毕。当年 12 月 28 日夜晚，望远镜第一次导入星光，拍摄第一张夜空的照片。又经过了一年多的技术调试，大望远镜在 1977 年宣布全面投入使用。从此，苏联拥有了世界第一大望远镜。光是单独的主镜就重达 42 吨，镜筒部分长度超过 26 米。加上附属支撑系统的重量 80 吨，望远镜整体可移动部分的重量是 650 吨。约安尼西阿尼获得苏联劳动英雄勋章、列宁奖章和苏联国家勋章。[3]

但是，尺寸上的世界第一并不意味着品质上的优秀。因为镜片存在较多瑕疵，工作人员在使用时要用黑布遮蔽在瑕疵比较集中的那部分镜片上，所以，望远镜的实际通光面积不是原来计划的 6 米口径的圆形面积，观测效果只相当于很小口径的望远镜。天文学家无法忍受这么低的观测效率，无奈之下要求工厂重新制作了第三块主镜。1978 年，第三块镜片安装完毕，镜片中不再有明显的裂纹，情况有所改善。[4]

镜片的瑕疵使有效口径减少，这还不是最麻烦的事。望远镜所在的观测位置更让人忧心。观测站位于高加索地区的下风口，这里的夜晚容易出现大风或浓雾天气，气候条件很不稳定。按照望远镜实际使用中的统计，平均每年只有一半的夜晚可以开展观测工作，但没有人知道可以观测的时间具体会出现在哪几个月。因为地处下风口，湍急复杂的气流使得夜晚的星光剧烈抖动。影响气流的因素除了观测位置，还有望远镜的圆顶。正常情况下，圆顶的直径是望远镜口径的 8~10 倍比较合适。圆顶太小，望远镜在其中运转不灵；圆顶太大，无效的空间太多，会增加气流变化的机会。比如黑尔望远镜口径5米，它的圆顶直径是42米，圆顶直径是主镜口径的8倍。而地平式6米口径大望远镜的圆顶直径达到100米，是主镜口径的16倍。望远镜的最高处和圆顶的最高处有12米的空隙。整个圆顶的旋转部分重达1 000吨。这样的圆顶完全可以容纳一台10米口径望远镜。但现在，圆顶的内部空间过于空旷，气流在圆顶里进进出出，形成微妙的小气候，在望远镜镜筒上方的气流起伏严重，使观测质量进一步恶化。

从实际观测的图像上看，恒星弥漫的光斑小于1角秒都极其罕见，2角秒的弥漫范围就算得上是优秀的观测夜。1994—2010年，只有4%的观测夜的成像质量好于1角秒。而位于美国的几座天文台的星光弥漫范围大部分时间都在1角秒以内。[5]

到了20世纪90年代，美国在夏威夷建造了10米口径的凯克望远镜，大大超越6米口径，重新夺回了世界第一的位置。随后，一批新建的望远镜口径普遍在8米以上。时至今日，全世界有10米口径望远镜5台，8米口径望远镜9台，6.5米口径望远镜4台。当年地平式6米口径大望远镜从口径上看，处于世界第19名。

在望远镜的使用中，工程师经常用一种碱性洗涤剂清洗镜面，之后再用硝酸冲刷，中和掉碱性的洗涤剂。从2007年开始，因多年的反复清洗和冲刷，这台大望远镜的主镜镜面被严重腐蚀，出现了多处斑驳的瑕疵。2012年，天文台决定放弃第三块镜面，到工厂里找回了当年被拆下来存放的第二块镜面，用抛光机把镜面打磨掉 8 毫米表层，去掉了大部分气泡和裂缝，重新安装到望远镜上。2017 年，镜面抛光工艺完成。2018 年 5 月，望远镜主镜镜面完成替换工作。

6 米口径大望远镜从 1977 年建成到 2017 年重新更换主镜，投入使用 40 年，也经历了被诟病的 40 年。望远镜的观测质量太差，这让天文学家另辟蹊径，寻找更适合这台望远镜的使用方法。

既然长时间拍摄一个目标的时候，空气抖动造成星象不稳定，星点扩散成比较大的范围，那么只要缩短观测时间，就可以抓住星象没有抖动的瞬间图像。天文学家尝试只用很短的时间拍摄目标，比如每张照片只曝光 10 毫秒，获得比较清晰的图像，再多次重复这样的操作，把大量的清晰图像重叠起来，得到更完善的观测图像。这就是散斑成像技术。当成像质量很好，空气情况也总能达到完美的程度时，没有人想要实施散斑成像技术。但大望远镜现在必须依赖散斑成像，才能有效完成观测任务。所以，这项技术在天文学家手中得到充分的实践和发展。根据天文台科学家的统计数据，利用散斑成像技术之后，大望远镜虽然牺牲了观测的深度，但能对比较亮的恒星实现非常精细的观测，这也算是尽力充分发挥望远镜的作用了。

除了观测技术之外，大望远镜的结构本身也是创新。

苏联人没有制造过这么大的望远镜，也不知道当时的技术要怎么解决望远镜的轴承转动问题。在此之前，望远镜都有两根转动轴，一根轴指向北极星，被称为极轴或经度轴，望远镜围绕极轴转动可以改变指向的经度。另一根轴是纬度轴，与极轴垂直指向地球赤道在天空中的投影方向，望远镜围绕这根轴转动可以改变纬度。两个方向的转动联合起来，就可以让望远镜指向天空中任何一个经纬度的坐标方向。这就是传统的赤道坐标望远镜。这种结构被应用于6米口径大望远镜还没有先例。没有办法，就只能创新。苏联用最简单的立柱架起望远镜，望远镜只能竖直转动或水平转动。这样的望远镜被称为地平坐标望远镜。赤道坐标望远镜的好处是，望远镜长时间观测一个目标的时候，只需要转动一根经度轴，纬度轴不动，就可以跟踪目标的东升西落。在望远镜的视野中，目标可以保持不动。但地平坐标望远镜想要跟踪目标，两根轴要做出很复杂的联合转动，计算起来相当麻烦。苏联使用计算机计算两根轴需要转动的角度，实时控制望远镜的运动方式。这是人类首次使用计算机控制望远镜。在此之后，大部分大型望远镜都会沿用这种技术，望远镜本身可以被建造成地平式的简单结构，两根轴的复杂运动交给计算机来处理。这真是误打误撞，因祸得福。苏联天文学家推动了计算机控制望远镜的技术，在全世界范围掀起了简化望远镜支撑结构的浪潮。

从76厘米口径的成熟经验，到2.6米口径的先锋产品，再到6米口径的世界第一，这一步跨越实在太大了。苏联没有建造2米口径以上望远镜的经验，无论是设计思路还是硬件加工工艺都不支持这么大的跨越。玻璃加工水平不足，三块镜片各有瑕疵；圆顶大而不实，无法解决空气流动问题；观测地点气象条件恶劣，浪费了望远镜的口径和观测时间……这些问题综合在一起，让这台曾经的世界第一大望远镜成了一只"大白象"——人们花费重金获取，日常需要精心维护，却没有产生太大的实用价值。

竞争意识可能会阻碍竞争本身。当科学探索卷入政治对抗，追求名义上的第一就会损害科学上的精益求精。当时，苏联已经成功建造了 2.6 米口径望远镜，如果不是为了超越黑尔望远镜，而是稳扎稳打地设计更实用可靠的 4 米口径望远镜，经过几十年的光阴，可能已经取得了更重要的成果。

LOMO 没能制造出优秀的 6 米口径望远镜，但在无心插柳中，发展了散斑成像技术，为世界天文学贡献了珍贵的工作方法。地平式 6 米口径大望远镜的经历，就像 LOMO 工厂的小相机一样，没能实现最初的设计目标，却意外地发展出了新的使用方法。技术会失败，工厂会没落，方案会搁浅，但人类的创造力却在破碎的镜片和漏光的底板之间一跃而起，写下新的故事。

17

宇宙的余晖

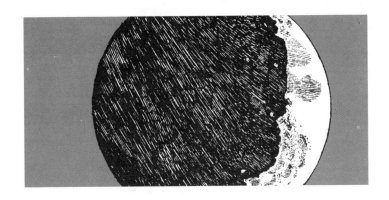

拉尔夫·阿尔弗
美国物理学家、天文学家

罗伯特·赫尔曼
美国物理学家、天文学家

Ralph Asher Alpher
1921—2007

Robert Hermann
1914—1997

哈勃利用 M31 中的恒星距离，平息了天文学的世纪大辩论，确定了 M31 是银河系之外的另一个独立星系。在此基础上，哈勃进一步观测了大量其他星系，用望远镜寻找这些星系中的特殊恒星，计算出它们的距离，再拍摄它们的光谱，根据谱线的位移情况计算它们的速度。光谱上的谱线特征朝红光，也就是长波的方向偏移，这就叫"红移"。红移意味着物体正在远离。就像火车开出站台的时候，汽笛声的波长变长。哈勃把这些星系的距离和速度放在一起对照，发现了一个新的规律：星系大多朝着远离我们的方向运动，离我们越远的星系，远离我们的速度越快。

哈勃确认了这条规律是正比关系，即星系远离我们的速度与其到我们的距离成正比，我们现在把这条规律叫哈勃定律。他测量出这个比例系数大约是 500 千米每秒每兆秒差距，意思是距离我们 1 兆秒差距的位置上，星系远离我们的速度是 500 千米每秒，这就是哈勃常数。[1]

如果哈勃定律是对的，所有的星系都在远离我们，离我们越远的星系，远离我们的速度越快，那么整个宇宙就像是一个吹起来的大气球，空间整体正在向外膨胀。如果把时间倒退回去，过去的星系就应该靠得更近，宇宙整体的尺度更小。如果把时间一直倒退到某个起点，那时所有的星系聚集在一起，整个宇宙缩小成一个点……

按照这个逻辑推演下去，我们就会得出一个大胆的猜测：宇宙从一个点开始膨胀，直到现在。这就意味着，宇宙有起始的那一刻，宇宙的年龄有限，而且一直处于变化的过程中。这个变化主要表现为尺度上的膨胀。在这样的推论出现的同时，天文学界对宇宙认识的主流理论恰恰相反，认为宇宙是静态不变的"稳恒态宇宙"。坚持稳恒态宇宙论的天文学家主要是英国剑桥大学的弗雷德·霍伊尔、赫尔曼·邦迪和托马斯·戈尔德。虽然宇宙可以不断产生新的物质，但整体无始无终，不存在一个时间和空间上的起点。霍伊尔还曾经在一次公开演讲中嘲笑了哈勃那个把匪夷所思的宇宙起点叫"大爆炸"的推论。

但是，天文学家乔治·伽莫夫一直支持大爆炸宇宙论。他出生于俄国，后移居美国，受聘为华盛顿大学教授。20 世纪 40 年代，伽莫夫招收了一名博士生阿尔弗。

阿尔弗1921年出生，毕业于华盛顿的罗斯福高中。高中毕业后，他在学校做了两年舞台管理的兼职工作，以贴补家用。在此期间，他学习了速记技术，给美国地球物理学会的主任做过速记员。阿尔弗申请麻省理工学院的奖学金，但被莫名其妙地取消了，他辗转就读于华盛顿大学，获得物理学学士学位。毕业后正值二战爆发，阿尔弗为卡内基基金会工作，开发战船的消磁技术。战后，他到约翰·霍普金斯大学应用物理实验室继续做科学研究。就是在此期间，他与导师伽莫夫开展了一系列合作。

阿尔弗与导师伽莫夫的主要工作是研究宇宙中化学元素的来源。他们提出，宇宙中一开始可能只有氢和氦两种元素，并且计算了两种元素的比例关系。只有以这样的方式产生氢和氦两种元素，它们才有可能进一步合成元素周期表上更复杂的元素，让宇宙的化学组成变成今天的样子。阿尔弗和伽莫夫完成了这篇论文。在准备投稿的时候，伽莫夫突发奇想，认为两个人的名字分别对应着希腊字母的 α 和 γ，中间缺了一个 β。于是，伽莫夫在论文发表的最后时刻，加入了另一位作者汉斯·贝特的名字，因为贝特对应着 β。就这样，作者名单的首字母成了 α β γ，论文在1948年4月1日愚人节当天发表于《物理学评论》杂志。这就是天文史上著名的 α β γ 理论。贝特没有反对伽莫夫的做法，在论文中提供了大量有意义的讨论和建议。阿尔弗本来只是在读研究生，但跟着天文学业内的两位大师共同署名重要的研究论文，让他一下子出了名。[2]

就在这种环境中，阿尔弗完成了博士论文，通过论文答辩，获得了博士学位。他的答辩委员会主席就是汉斯·贝特。这场论文答辩事先受到了媒体的关注，答辩现场有 300 多人前来旁听。博士毕业后，阿尔弗继续在约翰·霍普金斯大学应用物理实验室工作，与同事赫尔曼开展合作。

赫尔曼 1914 年出生在纽约，21 岁毕业于纽约城市学院物理学专业，1940 年获得普林斯顿大学博士学位。毕业后，赫尔曼在宾夕法尼亚大学和纽约城市学院工作过两年，之后来到约翰·霍普金斯大学应用物理实验室。[3]

伽莫夫支持大爆炸宇宙论，相信宇宙诞生于某个起始的点。如果真的如此，宇宙在那一刻释放巨大的能量。随着时间流逝，宇宙的空间越来越大，能量被稀释，温度变得越来越低，慢慢变成现在的样子。因为时间并非无限，所以宇宙大爆炸那一刻的能量，稀释到今天为止，应该还有一点点残余温度，这就是宇宙中去除恒星和星系之后，空间背景本身的温度。

阿尔弗和赫尔曼继承了伽莫夫的理论，投入了数学计算。两个人在 1948 年得出结论：如果宇宙真的起源于大爆炸，那么今天的宇宙应该还存在大约 5 度的残余温度。1948 年 11 月 13 日，这项结论在《自然》杂志发表时只给出了非常简要的介绍。[4] 第二年，他们的详细研究结果陆续在《物理学评论》上发表。[5]

实际上，阿尔弗和赫尔曼提出了一个检验大爆炸宇宙论是否正确的标准。如果能探测到今天的宇宙里存在 5 度左右的残余温度，是对大爆炸宇宙论的最好支持。否则，大爆炸宇宙论的证据不足。但是，经过长时间的演化，宇宙诞生之初闪耀的巨大光芒到了今天我们的身边，也像那些星系一样，要经历红移的过程，也就是波长会变长。根据计算，宇宙早期的光红移到今天，波长已经远远超出了肉眼的可见光范围，位于无线电的微波波段。要证实阿尔弗和赫尔曼的理论，以至于证实大爆炸宇宙论，就要在微波波段观测宇宙。

20 世纪 40—50 年代，二战刚刚结束，美国社会的经济和科学逐渐复苏。无线电天线在战争期间被广泛应用于雷达探测，战后，无线电天文学在这些天线的基础上逐渐发展起来。但当时没有人提出要用无线电天线真的看一看宇宙背景。阿尔弗和赫尔曼所在的应用物理实验室集中了擅长理论的物理学家，大家从来没有想过从天文学的角度尝试观测。他们的导师伽莫夫也是物理学家出身，不喜欢把论文发表在天文学杂志上，所以他们把一系列学术成果投给了物理学杂志或远在英国的《自然》杂志，而在美国本土天文学家最关注的《天体物理学杂志》上，从来没有见过阿尔弗、赫尔曼和伽莫夫的学术成果。根据阿尔弗和赫尔曼很多年后的回忆，伽莫夫当年认为，《天体物理学杂志》的主编钱德拉塞卡支持霍伊尔的稳恒态宇宙论，钱德拉塞卡本人也在进行类似方向的研究，所以他们这样的新成果很难成功发表。

另外一个原因是，伽莫夫因为 αβγ 理论的发表，被美国同行认为缺乏严肃性，大家甚至怀疑阿尔弗不是一位真实存在的学者。在美国天文学家群体的眼中，伽莫夫等人竟然为了给论文作者的名字凑字母，就可以胡乱增加作者，所以天文学家偶尔听说或看到伽莫夫、阿尔弗等人的论文，也会怀疑这些成果是否真的靠谱。

就这样，阿尔弗和赫尔曼预测的宇宙残余温度被忽视了。

16 年之后，贝尔实验室的两位工程师彭齐亚斯和威尔逊奉命检查一架无线电天线的噪声问题。这座天线的喇叭口有 6 米长 6 米宽，由金属铝结构搭建，用来接收雷达信号和卫星信号。彭齐亚斯和威尔逊起初认为，天线上覆盖着厚厚的鸽子粪，影响了信号的接收，产生噪声。两位工程师认真清洗了天线上的粪便，反复测试，发现噪声依然存在。他们发现噪声低沉、稳定，而且均匀地分布在整个天空中，每日每夜都存在。他们由此确信，这些噪声不是地球、太阳或银河系制造的，而是来自宇宙背景的辐射。

与此同时，普林斯顿大学的一组天文学家正在探索大爆炸宇宙论的证据。他们双方共同认识的朋友为两边牵线搭桥，进行了一番讨论，大家都认为这是至关重要的发现。于是，天线工程师和天文学家约定好，双方分头写论文，并同时发表。在《天体物理学杂志》通讯中，前一篇来自天文学家的论文提出，如果宇宙产生于大爆炸，那么现在应该可以观测到微弱的残存能量。后一篇来自工程师的论文说，他们检查天线的时候发现了一种温度的残余，但不知道来源是什么。[6] [7]

两篇论文相互对照，明眼人都看得出来，大爆炸宇宙论期待已久的证据找到了，宇宙正在辐射着最初大爆炸能量的余晖。大家都在兴奋中，却没有人记得阿尔弗和赫尔曼。在普林斯顿天文学家群体的论文中，没有提到阿尔弗与赫尔曼早就预测了这件事。在工程师的论文中，也没有提到阿尔弗和赫尔曼早就提出过的温度。阿尔弗与赫尔曼这两位宇宙学理论的先驱就这样被世界遗忘了。

20世纪60年代，无线电天线确认发现微波背景辐射的时候，同辈天文学家忘记了阿尔弗和赫尔曼。十几年之后，诺贝尔奖委员会再次忘记了他们。

1978年，彭齐亚斯和威尔逊获得诺贝尔物理学奖，表彰他们发现了微波背景辐射。2019年，诺贝尔物理学奖被颁发给为微波背景辐射做出过理论贡献的天文学家。可惜的是，阿尔弗与赫尔曼都已经去世，当年普林斯顿大学的一组天文学家也仅剩皮布尔斯一人在世。因此，当年从理论上预言微波背景辐射的天文学家中，只有皮布尔斯一人获得了2019年诺贝尔物理学奖。

阿尔弗与赫尔曼似乎淡出了人们的视野。

应用物理实验室的工作完成之后，阿尔弗与赫尔曼都离开了天文学和物理学研究领域。1955—1956年，两人先后加入了通用汽车公司。阿尔弗研究飞船从太空重新进入地球大气层的问题。赫尔曼研究汽车拥堵的科学问题，率先开创了交通科学这门学科。20世纪50—60年代，赫尔曼研究城镇中的交通流理论，为今天的现代城市发展和智能交通行业奠定了理论基础。在业余时间，赫尔曼喜欢演奏大提琴和长笛，还喜欢在木头上雕刻艺术作品。赫尔曼在去世前，还举办过几次个人木雕艺术展。

阿尔弗晚年接受《发现》杂志采访时说，他做科学研究有两个原因：一个是利他的原因，也许可以为人类对世界的知识储备做出贡献。另一个是更个人化的原因，希望得到同行的认可，纯粹而简单。他还曾经告诫自己的儿子："你必须在每天的工作中找到满足感，因为你不会经常得到奖励。"[8]

的确，阿尔弗和赫尔曼都没能在正确的时间得到正确的奖励。他们年轻时的工作没能被同辈认可。但是，后代学者追赠给他们大量荣誉。阿尔弗和赫尔曼获得了天文学界除诺贝尔奖之外的几乎所有荣誉。也许，在阿尔弗所说的两个做科学研究的原因中，第一个原因更重要。[9] [10]

18

非主流的宇宙模型

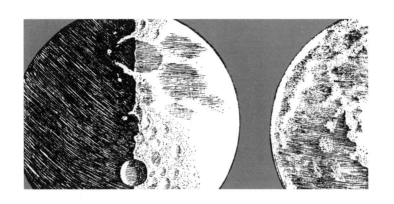

弗雷德・霍伊尔

英国天文学家、作家

Fred Hoyle
1915—2001

　　建筑师克雷格受朋友弗利的邀请来到肯特
郡的乡村别墅，为这座别墅提供装修工程上的
一些建议。克雷格惊恐地发现，他在这里见到
的客人曾经反复出现在自己的梦里。他被不明
原因的力量困在一个梦境中，反复醒来，再反
复入梦，永远无法摆脱周而复始的循环。[1]

　　这是电影院里正在上映的恐怖电影《死亡之夜》
（ *Dead of Night* ）中的情节。台下的观众当中有三位
好友，分别是弗雷德·霍伊尔、托马斯·戈尔德和
赫尔曼·邦迪。1945 年，英国取得了第二次世界大
战的胜利，电影院可以重新上映之前被禁止的恐怖

电影。三位好友看完电影，深受触动，联想到了我们的宇宙。三人在二战期间都离开了大学，为英国皇家海军服务，研究军用雷达技术。在战争期间，他们就经常聚在一起讨论宇宙学的问题。《死亡之夜》的情节启发了他们：宇宙有没有可能处于周而复始的循环之中？[2]

霍伊尔生于1915年，21岁毕业于剑桥大学伊曼纽尔学院，获得物理学学士学位，24岁获得剑桥大学圣约翰学院硕士学位。二战爆发后，霍伊尔离开剑桥大学，服务于海军。就是在这段时间，霍伊尔认识了戈尔德和邦迪。战后，三个人回到剑桥大学，霍伊尔成为数学讲师。

霍伊尔在青年时代就显得格格不入，经常提出与主流思想截然不同的新主张。比如在1945年，霍伊尔提出了关于太阳系起源的新理论。他认为，太阳原本并不是现在这样孤零零的一颗恒星，而是一对双星之一。太阳的伴星后来瓦解，才形成了太阳周围包括地球在内的行星。这篇论文发表在《英国皇家天文学会月刊》上，到今天为止仅被引用了8次，还都是以批驳的方式。[3]

大英博物馆里陈列着两块始祖鸟化石，以此证明早期的鸟类是恐龙进化为鸟类的过渡类型。霍伊尔却指责两块化石都是人造的赝品。后来，大英博物馆驳斥了霍伊尔的言论。

霍伊尔不承认主流的石油地球化学领域的理论。主流理论认为石油来自古老的生物化石的沉积结果，但霍伊尔认为，石油和天然气只是地球深层的碳元素的沉积，和生命无关。

霍伊尔还写了好几部科幻小说。他与儿子合作的一部小说

《黑云》(*The Black Cloud*) 讲的是宇宙里一团有智慧的有机分子云的故事。后来，他与同事合作把这部科幻小说的思想变成了科学理论，在《自然》杂志上发表论文，称宇宙中的尘埃和气体云包含大量有机物成分，其中也包括生命。

关于生命的科学探索不止一例。霍伊尔认为，宇宙中包含着生命种子的尘埃掉落到地球上，才带来了地球上的生命起源。这样的掉落不仅发生在地球诞生之初，在之后的岁月里也一直在发生。所以，地球上经常暴发的大规模流行病其实来源于突然坠落的陨石带来的外星生命。他进一步发现，流感疫情的暴发与太阳黑子周期有关，疫情总是发生在太阳黑子数量最少的时候。他的解释是，包含流感种子的星际尘埃只有在太阳辐射比较弱的时候才有机会到达地球。[4] 如果说讨论分子云团中的有机物还算天文学研究的范畴，讨论流感和陨石的关系就纯属脑洞大开了。

霍伊尔不光是在科学探索上与主流观点格格不入，在人际关系上也常有不和谐之处。他经常直接攻击持有不同科学观点的同行，曾经公开讽刺哈勃和伽莫夫等人的宇宙理论来自一场大爆炸。他还攻击美国政府，认为美国早就已经通过气球实验发现了太空中的生命迹象，但秘而不宣。霍伊尔与自己所在的剑桥大学很长时间一直闹得不愉快，他认为剑桥大学的官僚体系阻碍了科学进步，愤而辞去一切职务，做了一名独立科学家。1974 年，发现脉冲星的剑桥大学天文学家安东尼·休伊什获得诺贝尔物理学奖，霍伊尔公开批评他霸占了其研究生乔斯琳·贝尔的研究成果，而贝尔却未能获奖。霍伊尔这一闹既得罪了同行，又得罪了诺贝尔奖委员会。[5]

霍伊尔特立独行的举止，让他在天文学界备受争议。但所有这些争议都比不上他的宇宙模型受到的关注大。

1948 年，大西洋对岸的美国人提出了大爆炸宇宙论。霍伊尔无法接受这么诡异的理论，他认为，如果宇宙有时空的起点，那就意味着基本的物理规律有了限制边界，不能超越时间实现全然普适，这是令人无法接受的。他借此机会，提出了与大爆炸宇宙论相反的另一种宇宙演化理论，也就是著名的稳恒态宇宙模型。这一模型受到了电影《死亡之夜》中无限循环情节的启发。

稳恒态宇宙模型认为，宇宙中存在着某种我们还没有理解的机制，可以持续不断地产生新的物质，充斥宇宙空间。宇宙持续扩张，容纳更多的物质，但宇宙时空的本质没有变化，宇宙自始至终一直存在，也会一直存在下去。整个宇宙就是困在《死亡之夜》里的噩梦循环。当时，大爆炸宇宙论还没有找到任何观测证据，不被主流天文学家承认也算正常。而且，哈勃最初估算的哈勃常数误差太大，按照这个数字推导的宇宙膨胀速度太快，所以宇宙年龄非常小，甚至小于一些老年恒星的年龄。大爆炸宇宙论面临很多疑难问题，无法解决。而霍伊尔的稳恒态宇宙虽然也存在解释不清的物质产生方式问题，但总比大爆炸宇宙论看起来容易接受一些。

霍伊尔不仅提出自己的理论，而且站在攻击大爆炸宇宙论的前线。他批评大爆炸宇宙论中需要用到的一些概念都过于奇葩，什么暗物质、暗能量、加速膨胀，这些都极端错误。用霍伊尔的话说，大爆炸宇宙论听上去"更像是中世纪的理论"。[6] 20 世纪 60 年代，彭齐亚斯和威尔逊发现了微波背景辐射，为大爆炸宇宙论提供了观测证据。70—80 年代，这一发现获得了诺贝尔物理学奖，微波背景辐射的观测也更加精细。但是，霍伊尔依然不买账。他又提出了新的解释，认为所谓的微波背景辐射，其实只是恒星爆发后弥漫在宇宙空间中的金属碎屑散射了星光。直到霍伊尔去世后两年，他的合作者还发表论文，用铁屑散射星光来解释微波背景辐射的观测现象。

1957 年，霍伊尔与美国天文学家伯比奇夫妇和福勒合作，研究宇宙中的化学元素的来源。早在 10 年之前，阿尔弗就已经在博士论文里论证了宇宙最初的氢元素和氦元素的来源。但元素周期表上更靠后的元素从何而来呢？从逻辑上看，更复杂的元素只能来源于简单元素的合成。要合成新的元素，就必须让中子和质子紧密结合为新的原子核，这样的过程需要特定的高温和高压环境。在宇宙平静演化的过程中，唯一有能力提供元素核合成环境的就是恒星内部。因此，霍伊尔等人提出，恒星的核心进行的核反应环境，就是合成新元素的大熔炉。四位作者发表论文，建立了恒星元素核合成理论。组成我们身体和周边环境的一切物质都是化学元素，除了氢、氦和少量的锂元素外，其他所有元素都诞生于恒星内部。新诞生的元素储存在恒星体内，随着恒星死亡后的爆发，各种化学元素随着星云的气体和尘埃重新回到宇宙的星际空间中，再经过漫长的时间重新冷却、聚集、结合，形成岩石和地球，成为我们生活中的一切。一言以蔽之，我们就是星星的尘埃。1957 年 10 月 1 日，四位作者的论文发表在《现代物理学评论》杂志上。[7] 作者名字的首字母是 2 个 B、1 个 F 和 1 个 H，所以恒星元素核合成理论又叫 B^2FH 理论。在论文写作过程中，伯比奇夫妇提供观测数据的支持，福勒提供数学计算，霍伊尔整合理论框架。伯比奇夫妇事后回忆说："我们的合作中没有领导者，我们每个人都做出了本质性的贡献。"B^2FH 理论让科学家开始认真关注天文学中的元素核合成领域，天文学家的丰富观测反过来支持了这一理论。

1983 年 10 月的一天夜里，论文作者之一福勒接到一个电话。电话另一头表示，自己代表瑞典诺贝尔奖委员会，通知他获得了当年的诺贝尔物理学奖，获奖原因是 B^2FH 理论。所有科学家接到这样的电话都会感到震惊。福勒在震惊之余，询问对方共同获奖的还有谁。他得到的答复是，与福勒分享本年度诺贝尔物理学奖的另一个人是钱德拉塞卡，他的获奖原因是白矮星的质量极限。福勒完全不敢相信这个结果，伯比奇夫妇和霍伊尔都没有获奖，B^2FH 四人组中获奖的只有自己，这是怎么回事？

诺贝尔奖委员会从来不会公开回应这样的疑问。有人猜测，霍伊尔被取消获奖资格，就是因为他曾经为了脉冲星的事让诺贝尔奖委员会愤怒。也有人认为，霍伊尔常年不接受主流的大爆炸宇宙论，是诺贝尔奖委员会忽略他的重要原因，因为诺贝尔奖不仅奖励科学家的一次工作，而且鼓励科学家的一生追求。还有人认为，霍伊尔在科学界的人缘实在太差，这可能也影响到诺贝尔奖的评选结果。

不管真相如何，霍伊尔的同事为他鸣不平。伯比奇夫妇说："霍伊尔工作的重要性被低估了，他理应获奖。"

诺贝尔奖即便荣誉再大，也依赖人的评选。而所有依赖人的评选的工作都会有或多或少的遗憾。霍伊尔当年为研究生贝尔鸣冤，现在轮到命运对自己不公，他却没有多做分辩。

辞去剑桥大学教职后的霍伊尔搬到了英国湖区隐居，平日喜欢徒步穿越荒原和写书，偶尔拜访世界各地的研究机构。1997年，霍伊尔徒步穿越的时候，失足掉进了一处陡峭的峡谷。搜救犬发现他的时候，他已经忍受了 12 个小时的寒冷，肺炎、肾脏问题和肩胛骨骨折让他休养了几个月。2001 年，霍伊尔患中风，于夏天去世。[8]

在霍伊尔的晚年，大爆炸宇宙论已经获得了越来越多的观测证据，逐渐成为天文学的主流思想。即便如此，他也不认输，始终坚持他的稳恒态宇宙论。

就是这样一位时常出格、异想天开、充满热情又追求自由的天文学家，一生发表 400 多篇学术论文，创立了剑桥大学天文研究所，将其发展为世界一流的研究机构，提出了天文学上里程碑式的恒星元素核合成理论，当选英国皇家学会副会长和皇家天文学会会长，被封为爵士，却始终没能接受主流宇宙学理论。

霍伊尔不喜欢那些随大流的声势，他总是带着怀疑的眼光重新审视热门的流行理论，并勇敢提出反对意见。科学进步的动力总是少不了霍伊尔这样的反对者。他一生坚定地与大爆炸宇宙论为敌，但也正是因为他的抗辩，大爆炸宇宙论的支持者才必须小心谨慎，努力发掘更多、更坚实的观测证据，认真检查逻辑过程，仔细堵住所有可能被攻击的漏洞。霍伊尔就像一位要求严苛的教练，督促着主流天文学家将宇宙模型发展得更为可靠。

1978 年诺贝尔物理学奖得主彭齐亚斯和威尔逊必须感谢霍伊尔的严苛对抗，1983 年诺贝尔物理学奖得主福勒必须感谢霍伊尔早年的合作研究，所有从事宇宙学和恒星化学演化的天文学家都有必要感谢霍伊尔的创造性工作，是他把无人问津的领域发展为茁壮成长的参天大树，也是他把不盲信的批评精神融入现代天文学前沿的具体工作中。稳恒态宇宙模型可能失败了，但霍伊尔的倔强目光没有失败。

19

误报引力波

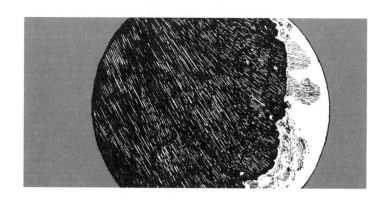

约瑟夫·韦伯

美国物理学家、海军

Joseph Weber
1919—2000

　　2016 年 2 月 11 日，美国华盛顿召开新闻发布会。美国国家科学基金会主管和激光干涉引力波天文台的主要负责人雷纳·韦斯和基普·索恩共同出席，向全世界宣布，激光干涉引力波天文台成功探测到引力波。位于瑞士日内瓦的欧洲核子研究中心同步召开发布会，激光干涉引力波天文台主要负责人之一巴里·巴里什通报了同一结果。第二年，索恩、韦斯和巴里什三人共同获得 2017 年诺贝尔物理学奖。[1]

　　在华盛顿召开的发布会上，观众席第一排中有一位特邀嘉宾，她是 73 岁的天文学家弗吉尼娅·路易丝·特林布尔。特林布尔与发现引力波的工作没有关系，邀请她出席这场科学盛会，主要是为了向她的先夫约瑟夫·韦伯致敬。在发布会上，科学家宣布，在半年前，激光干涉引力波天文台探测到一起引力波事件。根据后续推算，引力波来自两个大质量黑洞的合并。在地球上刚刚出现多细胞生命的时候，13 亿光年外的一个 36 倍太阳质量的黑洞与一个 29 倍太阳质量的黑洞合并成一个 62 倍太阳质量的黑洞。损失的 3 倍太阳质量以引力波的形式辐射出来。其辐射的总能量相当于可观测宇宙全部星辰发光能量的 10 倍。强大的引力波以光速穿越十几亿光年的宇宙空间，于 2015 年 9 月 14 日抵达地球。

这一天是犹太新年，也是韦伯的忌日。

在爱因斯坦提出广义相对论，预言存在引力波之后，人类用了整整 100 年的时间才终于直接探测到引力波的存在，为广义相对论补上了最后一块拼图。而最初实际尝试探测引力波的人就是韦伯。

1919 年，约瑟夫·韦伯在美国新泽西州出生，父母是来自立陶宛的犹太移民，不会说英语。韦伯小时候为了贴补家用，经常打工，做过报童和球童，他还常在一家无线电商店打工赚取零花钱，业余时间喜欢去图书馆，最爱读的书是麦克斯韦的《相对运动和绝对运动》以及小说《包法利夫人》。16 岁时，韦伯高中毕业，本打算在当地上大学，但考虑到家里的经济负担过重，为了省钱，便报考了美国海军学院。他曾经偷偷在学校食堂里安装音响线路。在一次晚餐时间，舒伯特的《C 大调交响曲》突然淹没了叮叮当当的刀叉声，韦伯也因此受到同学的拥护。

1940年，他从海军学院毕业。二战期间，他在海军的舰艇上服役，授少尉军衔。日本偷袭珍珠港的时候，韦伯正在"列克星敦号"航母上做导航员。在针对日本的反击战中，他经历了"列克星敦号"航母被击沉的瞬间。当时他刚刚晋升为中尉，正在甲板上执勤，目睹了多位战友牺牲。[2]

幸存下来的韦伯在舰艇上继续服役，参与过多次实战。二战后期，韦伯回到海军学院，修读电子学专业研究生。战后，他到华盛顿的海军船舶局负责电子对抗技术的设计。1948年，29岁的韦伯离开军队，进入马里兰大学工作。学校同意聘用他，但希望他尽快取得博士学位。他白天工作，晚上自学攻读，3年之后获得美国天主教大学博士学位。

在执教和学习的这段日子里，韦伯研究了激光技术。当时有一位物理学家查尔斯·哈德·汤斯对激光很感兴趣，向韦伯请教了激光方面的知识。在韦伯论文的基础上，汤斯发展了激光器，建造了可以在无线电波段发射激光的设备，获得了1964年诺贝尔物理学奖。韦伯后来经常和人开玩笑说，自己被汤斯骗走了一个诺贝尔物理学奖，以后要进入更难的领域，这样才不怕有人竞争。

这时的韦伯有了四个儿子，孩子们的吵闹让人睡不好觉，韦伯只能靠阅读爱因斯坦的广义相对论著作熬时间。这一读，让韦伯对相对论产生了兴趣。

36岁的韦伯迎来了重要的机遇。他获得了古根海姆奖学金，利用休假时间在普林斯顿大学与荷兰莱顿大学访学，与物理学家惠勒一起研究当时最前沿的引力辐射问题。惠勒是引力理论的奠基人,"黑洞"这个词就出自惠勒之口。爱因斯坦广义相对论的一个推论就是引力以波的形式传播,但半个世纪过去了,没有人发现过引力波,也没有任何关于引力波存在的证据。直到20年后,普林斯顿的赫尔斯和泰勒才发现引力波存在的间接证据。韦伯对引力和引力波产生了兴趣,马上从马里兰大学工程系转到了物理系,开始基础物理学的研究。

韦伯认识到,要想探测到引力波,就必须设计建造精密的引力波探测器。探测器应该是什么样的呢?那时候,还没有人有头绪。探测引力波,实际上就是要探测到引力波产生的效果。根据广义相对论和基础物理学的研究,如果真的存在引力波,当遥远星空中的黑洞、中子星或超新星爆发的过程辐射出的引力波传播到地球附近的时候,会拉伸和挤压空间,产生的效果是使物体的尺寸发生微小的改变。具体改变的比例是 $10^{-20} \sim 10^{-16}$ 的数量级。整个太阳系这么大的系统,受到引力波的作用,尺寸只会改变几微米到几毫米。整个地球的尺寸变化也只有万分之几纳米到几纳米。也就是说,探测引力波的工作,实际上就是精确测量极其微小的长度变化的工作。肉眼当然不可能精确判断这么小的长度变化,测量工作必须依靠电子仪器,电子工程学正好是韦伯的老本行。他学工程技术出身,又有着退伍军官的执行力,这些素质正好在物理实验中被派上用场。理论物理学家无力实现的引力波探测器,韦伯决心要实现。

从20世纪60年代开始,韦伯的主要工作就是研发引力波探测器。他的构想非常简单，有着工程师的敏锐思路。他设计了一根实心的金属圆柱体，长度2米，直径1米，由金属铝打造，整个圆柱体重量超过2吨。韦伯用很细但承重很强的金属细丝悬挂这根圆柱体，使它静止不动。引力波经过圆柱体的时候，会产生振动，振动的频率是1 660赫兹。因为引力波的效应，这根圆柱体的长度会发生变化。当然，是极其微小的变化。所以，圆柱体周围排布了敏感的电子元器件，用来探测圆柱体的变化。一旦引力波来临，圆柱体的振动就会持续几十秒。就像敲响音叉后，余音不断。这个装置叫韦伯棒，原理很简单，但实际做起来一点也不容易。

最难解决的问题是噪声。要想探测到极其微弱的信号，韦伯棒的探测装置需要调整到特别敏感的状态。但敏感的探测器也带来了更多的麻烦。遥远的引力波能引起韦伯棒的振动，近处的振动也可以让韦伯棒有变化。实验室里的空气温度、湿度变化和韦伯棒的金属圆柱体本身的散热都会产生影响。韦伯在降低噪声方面投入了特别多的时间和精力。韦伯棒被放在真空的实验室里，再给电子元器件降低温度，在冰冷的状态下噪声更低。经过一系列努力，仪器的灵敏度达到了10^{-17}数量级，有能力探测到引力波中最强的那部分。除了实验室里的扰动，实验室周围的环境也要考虑。比如地震、附近的施工甚至一辆卡车从周围的路上驶过，都会让韦伯棒探测到数据。韦伯想到一个解决思路，他制造了两个完全相同的韦伯棒，分别将其放在不同的地方。如果两个探测器探测到不同的数据，那振动一定来源于探测器附近的地面活动。只有两个探测器同时探测到相同的信号，才能证明这个信号来自遥远的宇宙。于是，韦伯棒 1 号被放在马里兰大学，韦伯棒 2 号被放在 1 000 千米之外的芝加哥。[3][4]

1969 年的前三个月，韦伯棒探测到 17 次引力波事件。韦伯宣布自己的设备探测到了引力波，这引起了极大的轰动。但是，IBM（国际商业机器公司）研究院的物理学家理查德·加温重建了与韦伯棒类似的设备，却没能探测到类似的结果。罗切斯特大学物理学家戴维·道格拉斯在韦伯的处理程序中发现一个严重的错误，这个错误可能导致韦伯把噪声当成了信号。1972 年，德国学者也重复了韦伯的实验，同样没能发现引力波。在 1974 年麻省理工学院举办的学术会议上，加温与韦伯针锋相对，揪住引力波信号的问题，反复质问。学术界开始怀疑韦伯和他的探测器是否真的有能力探测引力波。马里兰大学差点儿解除韦伯的教授职务，他也很难获得国家的科研经费，只能解散团队的部分学生。

地面实验不够精准，就把探测器放到月亮上去。韦伯的工程师思路让他再次振奋起来。他的团队把探测器改造成小型设备，方便火箭发射和宇航员携带。经过几年的努力，当地时间 1972 年 12 月 7 日，"阿波罗 17 号"将韦伯的引力波探测器带上月球。但是，当时负责制造探测器的机械师犯了一个错误。月球的引力是地球的六分之一，月球上使用的仪器必须考虑到这一点，再进行相应的调整。机械师忽略了这个事实，使月球上的引力波探测器完全无法工作。这个代价花费了几百万美元。在那之后，人类还没有机会再次登上月球。

地面探测和月面探测相继失败，同行对韦伯丧失了信心，他的学术声誉一落千丈。没有人知道，这个时候的韦伯会不会想起自己在"列克星敦号"航母上目睹爆炸和沉没的那一天。

晚年的韦伯没有停止引力波探测的实验，他几乎工作到了生命的最后一刻。1997年，他被确诊淋巴瘤，开始接受治疗。2000年1月，81岁的韦伯在实验室做常规检查。当天晚上，韦伯离开大楼的时候，停车场上覆盖着冰雪，他不小心滑倒，摔伤了脚踝。从二战的军舰上死里逃生的壮汉被一片积雪击倒了。此时正值深夜，周围没有人。他拖着受伤的腿，在满是冰雪的路面上爬行了100多米。一名警察在巡逻时发现了他，把他送到了医院。壮汉已经老迈，生命所剩不多。

2000年9月30日，犹太新年，韦伯病逝。

地面和月球的探测器都没能探测到引力波。韦伯没有成为首个找到引力波直接证据的人。后来的激光干涉引力波天文台在韦伯去世15年后发现引力波，三名负责人获得诺贝尔物理学奖，韦伯第二次错失了这个奖项。

韦伯终其一生，没能实现令同行信服的引力波探测结果。科学的规则是，个人的喜好和主张不能作为科学进步的判断标准，但科学又必须依赖个人的努力工作。解决这一矛盾的办法是同行评议和重复实验。任何学者的主张都必须经过同领域其他学者的审查，才能被正式确认。任何实验的结果都必须经过其他独立实验的重复，才能得到正式承认。人文学科所说的孤证不立，也是这个意思。

但是，索恩、韦斯和巴里什发现引力波的时候，还是会想到韦伯。他们向韦伯致敬，不仅是因为他们在韦伯失败之后取得了成功，而且是因为，韦伯的失败中蕴含着一系列正确的启发。是韦伯首先从工程技术的角度实践了引力波探测的任务，第一次将物理学家的纸上谈兵变成实打实的观测实验，建造了世界上第一个引力波探测器。是韦伯首先考虑到引力波造成共振的效应，将探测引力波的物理学问题转化为精细测量长度的技术问题，让探测方法有了方向。也是韦伯首先考虑到探测器需要摆脱周围环境的干扰，用细线悬挂探测器，后来成功发现引力波的激光干涉引力波天文台用了同样的办法来悬挂反光镜。还是韦伯作为激光技术的先驱，启发了后来人用激光干涉技术制造新一代引力波探测器。更是韦伯，在引力波领域走入低谷的时候，坚持把实验进行到底，唤起科学家重新重视这个领域。

与韦伯合作过的惠勒说，韦伯是真正的探险家，是与哥伦布类似的人物。韦伯去世后，其遗孀特林布尔卖掉了他们的房子，把钱捐给美国天文学会，设立"约瑟夫·韦伯天文仪器奖"。这一奖项每年颁发一次，奖励在天文仪器上开拓进取的学者。

20

第一颗太阳系外行星

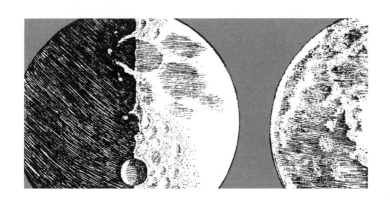

安德鲁·莱恩

英国天文学家

Andrew Lyne
1942—

"所以，这颗行星烟消云散了，我们极度尴尬，
我很抱歉。"

台上的安德鲁·莱恩 50 岁了，他刚刚用这句话
结束了自己的发言。话音一落，台下的听众纷纷起
立，热烈鼓掌。掌声淹没了这间会议室，也淹没了
莱恩的尴尬。这是天文史上第一次有天文学家在世
界级的学术大会上承认自己的错误。莱恩诚恳发言，
指出自己前一年 7 月的论文中有严重缺陷，勇敢地
面对众多同行做出检讨。听众用掌声做出了回答。

但掌声没有持续太久，就被另一个声音打断了。

"我们发现了！"

听众席上的亚历山大·沃尔兹森大声说："我们

发现了另一颗围绕脉冲星转动的行星，我们确定发现了，我们已经反复检查过了。"

这不是电影剧情，而是真实发生在美国佐治亚州亚特兰大马奎斯万豪酒店里的事。1991 年 1 月 15 日，美国天文学会在这里举办的学术年会已经进行到第三天。安德鲁·莱恩和亚历山大·沃尔兹森都没有出现在事先准备好的口头报告目录里。但莱恩必须借此机会公开发言，承认自己的错误。受莱恩认错的激励，沃尔兹森认为这是发布自己团队的新成果的好机会，所以也立即发言。

脉冲星，是宇宙中非常特殊的一类天体。它的本质是一颗大质量的恒星死亡后形成的中子星。恒星不再靠核聚变发光之后，外层物质被吹散，恒星核心向内部跌落下去。但因为本身的质量太大，形成的白矮星还不足以抵抗向内落的力量，所以原子核被进一步挤破，电子与原子核内的质子结合在一起，正负电荷湮灭抵消，变成中子，整个天体彻底变成一颗完全由中子组成的球。这样的天体的质量可能比太阳还大，但因为原子之间的空间和原子内部的空间都被挤压掉了，所以其体积和地球差不多，甚至更小。把比太阳质量还大的物质塞进比地球还小的空间内，可想而知中子星的密度有多大。脉冲星是高速自转的中子星。在自转的同时，有可见光之外的辐射发射出来，比如无线电或者 X 射线。剑桥大学的研究生乔斯琳·贝尔最早利用无线电望远镜发现了脉冲星。当时，还没有人理解这样的天体是什么东西，为什么可以精确地发射周期性的无线电信号，所以怀疑这是外星人向地球发来的文明的信号。因此，人类发现的第一颗脉冲星被命名为"小绿人 1 号"。

随着对脉冲星的深入观测和理解，天文学家早已知道那上面没有小绿人，我们观测到的有规律闪烁的无线电信号也不是外星人的电报，而是因为中子星快速转动，每转动一圈就会像灯塔扫过海面一样扫过我们一次。我们观测到的闪烁的周期其实就是脉冲星的转动周期。

英国在二战期间的大量雷达天线技术，被迁移为天文学上的无线电波段观测技术。英国很快成为 20 世纪下半叶以来脉冲星研究的重要力量。1961—1964 年，莱恩在剑桥大学圣约翰学院读书，这正是天文学家接连利用无线电波段取得一系列突破的时期。1964 年，莱恩以二等荣誉学位毕业于剑桥大学自然科学专业。卓瑞尔河岸天文台是英国最大的无线电天文研究中心，隶属于曼彻斯特大学。1965 年，莱恩来到曼彻斯特大学读研究生。1970 年，他从曼彻斯特大学毕业，获得射电天文学博士学位。他的博士论文题目是《月球掩星和脉冲星的干涉测量》。读博期间，他在《自然》杂志上发表了 6 篇论文。[1]

毕业后，莱恩一直在曼彻斯特大学和卓瑞尔河岸天文台工作。[2] 1979 年，他利用天文台的天线首次测定了脉冲星的距离。1990 年，他为这一领域编写的教材《脉冲星天文学》在剑桥大学出版社出版。经过几十年在脉冲星和射电天文领域的钻研，莱恩被同行誉为"在脉冲星上写书的人"。[3]

1991 年，他与合作者马修·贝尔斯发现了一颗新的脉冲星，并根据脉冲星所在的位置坐标将其命名为 PSR1829-10。这颗脉冲星的信号不像过去常见的脉冲星那么稳定，信号达到的时间忽快忽慢，有节奏地变化。莱恩立即意识到，这颗脉冲星受到附近别的天体的影响。更具体地说，脉冲星可能正在和其他看不见的东西相互绕转。经过计算，莱恩发现绕转的时间周期非常像地球围绕太阳的时间周期。因此，这颗脉冲星附近可能存在一颗行星。行星本身不会发光，所以我们无法探测到行星本身，但根据脉冲星的运动变化间接发现了行星。这是人类第一次在太阳系之外发现行星，绝对是破天荒的科学突破。如果太阳系之外别的恒星附近也存在行星，就意味着太阳系的行星并非特例，宇宙中可能普遍存在行星。如果行星普遍存在，有没有可能找到环境适宜生命存在的行星？如果能找到宜居的行星，有没有可能找到地球之外的生命形式？

人类发现的第一颗脉冲星不是小绿人，但 30 年后，莱恩发现的脉冲星 PSR1829-10 可能真的拥有像地球这样的新世界，而重新开启寻找小绿人的时代。莱恩立即撰写文章，将其发表在 1991 年 7 月的《自然》杂志上。[4]

破天荒的科学发现，需要更坚实的证据。操之过急的宣布，往往带来尴尬的处境。有同行指出，莱恩发现的行星似乎不太对劲。莱恩赶快检查原始数据，重新分析后发现，自己犯了一个愚蠢的错误。

在望远镜观测脉冲星的同时，望远镜并没有在宇宙中固定不动，而是跟着地球一起围绕太阳运动，运动的速度大约是每秒

30 千米。因此，天文观测到的遥远目标的速度并不是真实的速度，而是受到地球自己运动影响后的叠加速度。受过专业训练的天文系学生都知道，最终的结果必须扣除地球自身的运动。而莱恩因为急着发表结果，忘了地球自己也在动。所以，他观测到的脉冲星信号的时间变化，并非脉冲星自身的现象，而是因为地球围绕太阳旋转，所以脉冲星到地球的距离忽远忽近。

这样的错误，稍稍认真一些就可以避免，莱恩却没有注意到。但错误就是错误，无论我们多么渴望发现太阳系外行星，也不能对错误视而不见。但承认如此低级的错误，又确实不太容易。莱恩在《自然》上的文章发表半年之后，美国第 179 届天文学年会召开。莱恩参加了这次会议，鼓足勇气，登上讲台，像同行承认了自己的错误。第二天，他纠正错误的详细文章被重新发表在《自然》杂志上。文章的标题就叫作《PSR1829-10 没有行星》。[5]

就在他勇敢地承认错误并收获了掌声之后，比他年轻 4 岁的波兰天文学家沃尔兹森接过话来表示，自己的团队发现了另一颗围绕脉冲星转动的行星。沃尔兹森早就发现了这颗行星，但他知道这么重大的发现一旦出错，会非常尴尬。所以他一直在反复检查自己的观测数据和分析过程，希望做到万无一失。就在这个时候，他读到了莱恩 1991 年 7 月发表在《自然》杂志上的文章，才坚定了自己的信念，相信发现太阳系外行星不是稀罕事。正好，沃尔兹森准备在这次会议上公开自己的成果，宣布自己发现了第二颗太阳系外行星。没想到，莱恩抢先一步推翻了第一颗行星的结果，沃尔兹森的第二名竟然变成了第一名。

沃尔兹森用美国阿雷西博射电望远镜发现脉冲星 PSR1257+12，以及确认了脉冲星附近围绕着行星，不是一颗，而是两颗。这两颗行星的质量分别是 3.4 倍和 2.8 倍地球质量，到中心脉冲星的距离分别是 0.36 和 0.47 天文单位，相当于在水星轨道和金星轨道之间围绕脉冲星运动，转动一圈的时间分别为 66 天和 98 天。2003 年，沃尔兹森用更新的观测技术，发现两颗行星围绕脉冲星的轨道倾角，所以修正后的质量分别是 4.3 和 3.9 倍地球质量。两年以后，他发现这颗脉冲星附近还存在第三颗行星，行星质量只有地球的 2%，更靠近脉冲星。[6] 又过了一年，米歇尔·马约尔等人在正常恒星飞马座 51 附近发现了行星。[7] 从此，天文学家发现了越来越多太阳系外行星。截至 2023 年年初，已经确认发现的太阳系外行星有 5 322 颗，另有 6 000 多颗新发现的候选体正在等待进一步确认。[8]

太阳系外行星确实是普遍现象，行星不是太阳系的特例，而是遍布整个宇宙，在任何类型的恒星附近都有可能存在。在类似太阳的稳定恒星附近，存在着类似地球大小的、温度适宜的宜居行星。探索太阳系外宜居行星和寻找地外文明的蛛丝马迹，已经成为当代天文学的热门课题。

莱恩是当今还活跃着的射电天文学家中的权威。他的错误，是大部分天文学家都可以避免的一个错误，但他的公开认错却是大部分学者难以做到的壮举。因为在射电天文学领域的贡献，他于 1996 年入选皇家学会。2001—2007 年，他受聘为曼彻斯特大学兰沃斯讲席教授，以及卓瑞尔河岸天文台第四任台长。

小绿人1号被证明子虚乌有，但几十年后，脉冲星附近重新发现行星，让探索新一代小绿人的工作成为热点项目。莱恩的脉冲星附近的行星突然"蒸发"，但同时，沃尔兹森在另一颗脉冲星旁边发现了三颗行星。一次错误，并不意味着整个学科领域都失去意义；一次失败，并不会使科学停止探索的脚步。科学不会厌恶失败与错误，恰恰相反，科学对错误喜闻乐见。提出猜测、验证、发现错误、承认错误、再提出新的猜测……与错误为伴，才是科学的正确思路。尤其是像天文学这样信息有限、难以重复实验和探索时空过大的学科，错误本就是天文学研究的日常。与其说天文学的进展是拔除错误的野草，收获正确的果实，倒不如说，天文学的魅力就是收集错误的砖瓦，再为它们赋予金光灿灿的意义。

晚年的莱恩没有被尴尬的错误压得喘不过气，也没有躺在讲席教授和皇家学会的头衔上无所事事。他始终活跃在射电天文学观测和脉冲星研究领域。2003年，他和团队成员利用位于澳大利亚帕克斯天文台的射电望远镜发现了新的脉冲星，将其命名为 PSR J0737-3039。这颗脉冲星就像当年他闹了乌龙的那颗一样，脉冲信号也存在着有规律的变化。这一次，他没有再犯当年的错误，仔细检查数据和分析过程之后确认，PSR J0737-3039 附近没有行星，但有另一颗脉冲星。PSR J0737-3039 是人类首次发现双脉冲星。两颗成员星 PSR J0737-3039A 和 PSR J0737-3039B 都是脉冲星。两颗脉冲星分别以 22 毫秒和 2.7 秒的周期自转，同时以 2.5 小时的周期相互绕转。两颗星的质量分别是太阳的 1.34 倍和 1.25 倍。

由于两颗星非常靠近且快速绕转，因此它们之间辐射强大的引力波。引力在绕转的过程中衰减，使得两颗星的距离持续减小，绕转的周期越来越快。这个现象证明了爱因斯坦的广义相对论和引力波理论。

2007 年，莱恩退休，但一直在卓瑞尔河岸天文台的脉冲星小组中参与学术讨论。2022 年，80 岁的他修订了"写在脉冲星上的教科书"，《脉冲星天文学》第五版出版。

21

保卫冥王星

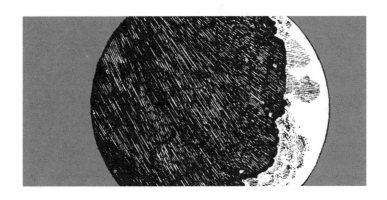

艾伦·斯特恩
美国天文学家、工程师

Alan Stern
1957—

1930 年，洛厄尔天文台的汤博发现冥王星的时候，天文学界毫不犹豫地把它列入太阳系的大行星。在海王星之后，冥王星成为第九大行星。从此之后，"九大行星"的概念被写入了所有国家的科学教科书。

但是，随着最近几十年来对冥王星的研究逐渐深入，天文学家越了解冥王星，就越发现这颗大行星的地位不太稳固。1978 年，詹姆斯·克里斯蒂发现了冥王星的卫星，根据卫星和冥王星之间的引力关系，计算出冥王星的质量还不到地球的 1%。这么小的行星真的能和其他八颗大行星一样，被称为同样类型的天体吗？从 20 世纪 80 年代开始，有关冥王星地位的争论就一直存在。但至少，冥王星远在太阳系边缘。在冥王星附近，还不存在同等级别的其他天体。和其他八大行星相比，冥王星确实不大，但算得上是自己轨道上的独角兽。

就在争端持续酝酿的时候，麻烦越来越多。从 2000 年开始，天文学家开始在冥王星轨道附近频繁发现新天体。接连十几颗新行星的出现进一步动摇了冥王星的地位。捍卫冥王星地位的一派认为，这些新天体都太小了，直径不足 1 000 千米，不能和直径 2 300 多千米的冥王星相提并论。

直到 2005 年，就连这一点捍卫冥王星地位的希望也被打破了。天文学家在冥王星轨道附近发现了另一个天体，它的尺寸和冥王星几乎一样，质量比冥王星还大一些。如果冥王星算得上大行星，那这个新天体也有资格算第十大行星。如果按照现代的眼光，新发现的天体分量不够，那冥王星也同样没有资格。由于这个新发现的天体引起了关于太阳系成员定义和冥王星属性的波澜，所以天文学家给这个新天体起名叫"厄里斯"，意思是罗马神话中的不和女神。北京天文馆牵头在全国的天文爱好者中征集厄里斯的中文翻译名称，最终选定了天文爱好者陈海涛先生的提议，用"兄弟阋墙"的"阋"字，表达风波和混乱的含义。厄里斯的中文名被定为"阋神星"。

在历史上，人类没有频繁地发现过行星。从人类的原始时代开始，水星、金星、火星、木星和土星就已经被熟知为行星。从文艺复兴时期的科学革命开始，地球加入了行星的家族。18 世纪，赫歇尔发现了天王星。19 世纪，勒威耶发现了海王星。20

世纪，汤博才发现冥王星。大行星的发现速度远远比不上人类认知提升的速度。所以，天文学家从来都不需要从科学的角度研究行星如何定义。但是，现在情况不同了，新的发现越来越多，它们都算行星吗？

2006 年 8 月，国际天文学联合会在捷克首都布拉格召开大会，大会的一项议题就是讨论确定新的行星定义。早在国际天文学联合会大会召开之前，就有两个工作委员会在起草新的行星定义。第一个委员会由英国天文学家伊万·威廉斯领导，提出了行星定义的三个范畴。在文化范畴下，人们觉得谁是行星，谁就是行星；在结构范畴下，行星包含足够多的物质和质量，形成足够大的引力，可以形成球形；在动力学的范畴下，行星足够大的引力让其独占自己的轨道。同时，哈佛大学天文史教授欧文·金格里奇领导的另一个委员会也在起草另外的方案。[1]

2006 年 8 月 24 日，国际天文学联合会大会的最后一天，会堂内剑拔弩张；会堂大门紧闭，闲人免进；会堂外，记者等候多时，已经准备好了正反两方结果的新闻稿，都想抢在第一时间发个头条。有太多天文学家想上台分享自己对行星定义和冥王星地位的看法，所以大会主席乔斯琳·贝尔临时宣布，请希望发言的学者在话筒后方排队，每个人的发言时间不能超过电梯上升一层楼的时间。经过激烈的讨论和最终的举手表决，乔斯琳·贝尔宣布，由金格里奇领导的委员会修改的关于行星定义的决议获得通过。新的行星定义包含三个内容：

1. 行星必须围绕太阳运动。这一条排除了卫星。

2. 行星必须足够大，使自己成为球形。这一条排除了所有小行星。

3. 行星必须独占自己所在的轨道。这一条排除了冥王星。

按照世界天文学家的决议，天文学设立了一个新的类别，叫矮行星，专门用于安放符合前两条但不符合第三条定义的天体。冥王星成为一颗矮行星。被列入矮行星类别的天体还有人类发现的第一颗小行星——谷神星。它的形状是标准的球形，比其他不规则形状的小行星级别更高。

新定义经表决通过，在天文学领域获得了法定地位，冥王星被永久地开除出了大行星行列。但是，并非所有天文学家都认同这项决议。反对声最大的是艾伦·斯特恩。

斯特恩生于 1957 年，18 岁从得克萨斯州圣马可学校毕业后，进入得克萨斯大学奥斯汀分校。三年后，他获得物理学和天文学学士学位；1981 年，他获得航天工程和行星科学硕士学位。同年，他来到科罗拉多大学，攻读博士学位。[2]

1989 年，斯特恩获得了天体物理学和行星科学博士学位后，在美国国家航空航天局负责行星科学的天体物理学研究项目。从此之后，他专注于太阳系天体的科学探索工作，冥王星也是他的一大兴趣。当年夏天，他在加州理工学院的喷气推进实验室里见证了"旅行者号"探测器飞跃海王星的瞬间。这一幕深深地打动了他。26 年后，他将率领自己的团队见证新的瞬间。

2001 年，美国国家航空航天局开始实施新的深空探测项目，并将其命名为"新视野号"。"新视野号"的科学目标是，从地球发射探测器，探测器用将近 10 年的时间飞往冥王星，近距离探索冥王星。艾伦·斯特恩被美国国家航空航天局任命为"新视野号"项目的首席科学家。从此，他与冥王星紧密联系在一起。

从研发到成功发射"新视野号"，斯特恩用了五年。这是人类制造飞往最遥远天体的探测器的五年，也是对冥王星地位争议最大的五年。但他排除了所有关于冥王星地位的争论，把全部的科学热情投入"新视野号"的项目上。

2006 年 1 月 19 日，在美国佛罗里达州沿海的卡纳维拉尔角空军基地，擎天神五号运载火箭加挂星型 48B 第三级推进器，将接近半吨重的"新视野号"送入太空，"新视野号"上装载着汤博的部分骨灰。[3]

就在探测器发射半年之后，国际天文学联合会通过决议，将冥王星降级。探索太阳系最远的大行星的探测器正走在路上，它的目标却因人为的议论而变成了一颗矮行星。布拉格会堂里争吵的一切都和"新视野号"无关，却和斯特恩有关。冥王星被降级，从九大行星中最独特的一个，变成了大量矮行星中最普通的一个，科学意义迅速贬值，社会关注度也会慢慢降低。斯特恩面对的问题是，政府和公众是否愿意用纳税人的钱继续支持他的"新视野号"项目？科学成果是否还能被同行看重？

斯特恩反对开除冥王星的决议，他说："国际天文学联合会的决议是一个可怕的行星定义，这是马虎的科学，它永远也不会通过同行的审查。按照定义的第三个内容，地球轨道上也有月亮的存在，火星轨道上也有两颗小卫星的存在，而木星轨道上有更多的小行星存在，为什么它们都算大行星？如果海王星真的独占自己的轨道，冥王星就不存在了。"他以"新视野号"首席科学家的身份发表声明："'新视野号'项目将不承认国际天文学联合会 2006 年 8 月 24 日通过的行星最新定义的决议。"[4] 他认为，行星的定义和分类，绝对不是单纯的科学逻辑问题，而是牵扯历史上的人类文化和习俗。国际天文学联合会不应该越俎代庖，滥用会议表决的机制，改变人类对既有事物的通俗认知。他相信，行星一经发现，就不仅是天文学研究的对象，而且是地质学家从地质结构的角度深入关心的领域。而行星的形状、化学成分、形成过程和地质变化等问题，也都是地质学家才能回答的科学问题。就算要制定行星定义，有资格表决的群体也不应该是天文学家，而应该是地质学家和从事行星科学研究的部分天文学家。让研究银河系的学者来决定冥王星的分类，这实在不合适。

所以，斯特恩在国际天文学联合会的决议之外，也提出了自己对行星的定义。他提出，行星所在的位置不重要。在太阳系演化的过程中，一颗行星会从原来的位置迁移到现在的位置，我们不能用位置作为行星地位的判断依据。比位置更重要的是行星本身的性质。国际天文学联合会担心的是冥王星和类似的天体越来越多，将来要被列入行星名单的成员就越来越多。在斯特恩看来，这非常正常，人们也完全有能力适应这个现实。如果新发现的上千个类似冥王星的天体比地球小得多，只能证明地球属于特例。

但是，国际天文学联合会没有撤销决议的打算，也没有回应斯特恩的挑战。斯特恩自己也承认，关于行星定义的争论还会持续下去，这是一个争论无止境的问题。面对新科技的迅猛发展，科学突破的速度终于大大超越了人类认知习惯更新的速度，而整个天文学界和人类社会正在学习如何适应新的发现。人类还没有取得最终的共识。

就在国际天文学联合会通过行星最终定义的那个夏天，斯特恩把女儿送进了大学。他对女儿说："随着你的成长，你会越来越意识到，生活并不是黑与白，而是无尽的灰色；生活是复杂的，而且无法回避的事实是，你只能克服现实世界的不规则，并继续前行。"

在关于冥王星的一片嘈杂争论中，"新视野号"正在前行。

离开地球时，它的速度是每秒 45 千米，成为有史以来人类制造的运动速度最快的物体。"新视野号"以这样的速度继续飞行，九年半之后，它接近了冥王星。2015 年 7 月 14 日，它在 1 万多千米的距离飞越冥王星。[5]

"新视野号"的速度太快，靠近冥王星的时候，速度接近每秒 15 千米。这么快的速度不可能停下来，更不可能掉头，也很难被冥王星的引力捕获。它的宿命就是飞向更远的远方，只能与冥王星擦肩而过。就在和冥王星距离最近的半个小时里，它打开全部探测器，疯狂地收集有关冥王星的各种信息，之后便飞向远方，无法回头。五年的制造，九年半的飞行，只为了这30分钟的靠近。"新视野号"近距离拍摄冥王星的数据被发回地球后，成为当年最浪漫的网络话题。随着数据被一起发回地球的还有一张高清晰度的冥王星特写照片。一处爱心形状的地貌在冥王星上清晰可见。为了纪念冥王星的发现者，这个爱心形状的地貌被命名为"汤博区"。

在此之前，冥王星只是望远镜里一个模模糊糊的小光斑，缺少任何细节。而在此之后，冥王星是眼前的新世界，地表结构、岩石组成、内部活动和更多的卫星，都因"新视野号"和斯特恩的工作而摆在我们面前。

斯特恩取得了"新视野号"探测冥王星的成功。但是，十几年过去了，教科书上关于太阳系行星的定义已经被重新书写，国际天文学联合会的定义已经成为主流理念，斯特恩的坚持没能得到公众的广泛支持。他预想的大量争论似乎渐渐偃旗息鼓了。无论是公众还是天文学家，大部分人似乎并不希望整天思考一个遥远的天体的分类哲学，而是在围观热闹的事件之后，希望尽快获得方便的、冷静的、约定俗成的概念，让自己与身边的人交流时可以求取公约数，这就够了。

我们拖着疲惫的身躯和容易发热的大脑，亦步亦趋。曾经，人类的这颗大脑走在探索脚步的前方。但近年来，我们的思维习惯远远落后于科技前沿的新知识。斯特恩告诉我们，这一切很正常，只能拥抱灰色，然后奋力追赶。

2016年，"新视野号"完成了对冥王星的探索后，继续飞往更遥远的新目标，希望在未来10年探索其他更多的小天体。"新视野号"没有停下，人类的探索也不会止步。

参考文献

1　从简单到复杂

[1]　欧文・金格里奇 . 无人读过的书 . 王今，徐国强，译 . 北京：生活・读书・新知三联书店，2017.
[2]　*Essentials of Astronomy*, Lloyd Motz, Columbia University Press, 1977, 2rd version.
[3]　*A Modern Almagest: An Updated Version of Ptolemy's Model of the Solar System*, Edward L. Fitzpatrick, 2010, https://farside.ph.utexas.edu/books/Syntaxis/Almagest/index.html.

2　错误地解释海水的潮汐

[1]　伽利略 . 星际信使 . 范海登，编 . 孙正凡，译 . 上海：上海人民出版社，2020.
[2]　伽利略 . 关于托勒密和哥白尼两大世界体系的对话 . 周熙良，译 . 北京：北京大学出版社，2006.
[3]　但丁・阿利格耶里 . 神曲 . 黄国彬，译注 . 海口：海南出版社，2021.
[4]　田中一郎 . 四百年后的真相 . 丁丁虫，译 . 北京：新星出版社，2022.

3　测量光速的学术小组

[1]　"The accademia del Cimento and its European context", Marco Beretta, Antonio Clericuzio and Lawrence M. Principe, *Science History Publications,* 2009.

[2] "Galileo, measurement of the velocity of light, and the reaction times", Renato Foschi and Matteo Leone, *Perception*, 2009, 38, 1251-1259.

[3] "At the source of Western science: the organization of experimentalism at the Accademia del Cimento (1657-1667)", Marco Beretta, *Notes Rec. R. Soc. Lond.*, 2000, 52 (2), 131-151.

4 观测金星凌日九死一生

[1] "Out of old books (Le Gentil and the transits of Venus, 1761 and 1769)", Helen Sawyer Hogg, *Journal of the Royal Astronomical Society of Canada*, 1951, 45, 37.

[2] "Out of old books (Le Gentil and the transits of Venus, 1761 and 1769 continued)", Helen Sawyer Hogg, *Journal of the Royal Astronomical Society of Canada*, 1951, 45, 89.

[3] "Out of old books (Le Gentil and the transits of Venus, 1761 and 1769 continued, with Plate V)", Helen Sawyer Hogg, *Journal of the Royal Astronomical Society of Canada*, 1951, 45, 127.

[4] "Out of old books (Le Gentil and the transits of Venus, 1761 and 1769 concluded)", Helen Sawyer Hogg, *Journal of the Royal Astronomical Society of Canada*, 1951, 45, 173.

5 测量经度的竞赛

[1] *The 1707 Isles of Scilly Disaster–Part 1*, Royal Museums Greenwich, 2014, https://www.rmg.co.uk/stories/blog/1707-isles-scilly-disaster-part-1.

[2] "The last voyage of Sir Clowdisley Shovel", W.E. May, *Journal of Navigation XIII*, 1960, 13, 3.

[3] 索贝尔. 经度：一个孤独的天才解决他所处时代最大难题的真实故事. 肖明波, 译. 上海：上海人民出版社, 2007.

[4] *The Annual RPI and Average Earnings for Britain, 1209 to Present (New Series)*, Gregory Clark, MeasuringWorth, 2022.

[5] 经度委员会成员名单, 皇家格林尼治天文台, http://www.royalobservatorygreenwich.org/articles.php?article=1304。

6 数星星测量宇宙

[1] "Philomaths, Herschel, and the myth of the self-taught man", E. Winterburn, *Notes and Records*, 2014, 68, 3.

[2] *Uranus: The Planet, Rings and Satellites*, Ellis D. Miner, John Wiley and Sons, Inc., 1998.

[3] "On the construction of the heavens", William Herschel, *Philosophical Transactions of the Royal Society of London*, 1785, 75.

[4] "Preliminary results on the distances, dimensions and space distribution of open star clusters", R. J. Trumpler, *Lick Observatory Bulletin*, 1930, 14, 420.

[5] *Night Vision: Exploring the Infrared Universe*, Michael Rowan-Robinson, Cambridge University Press, 2013.

7 精彩的 C 选项

[1] 刘笑嘉. 到蒙帕纳斯公墓寻访萨特. 环球网，2023.

[2] 托马斯·利文森. 追捕祝融星. 高爽，译. 北京：民主与建设出版社，2019.

[3] 吴国盛. 时间的观念. 北京：商务印书馆，2019.

[4] "Leverrier's letter to Galle and the discovery of Neptune", T. J. J. See, *Popular Astronomy*, 1910, 18, 475.

8 丢了一颗小行星

[1] *Bilancio demografico anno 2017 Regione: Sicilia*, demo.istat.it, 2017.

[2] On the history of the Palermo Astronomical Observatory, Giorgia Foderà Serio, http://cerere.astropa.unipa.it/versione_inglese/Hystory/On_the_history.html.

[3] "Giuseppe Piazzi and the discovery of Ceres", G. Foderà Serio, A. Manara and P. Sicoli, *Asteroid III*, W. F. Bottke Jr., A. Cellino, P. Paolicchi, R. P. Binzel (eds.), https://www.lpi.usra.edu/books/AsteroidsIII/, University of Arizona Press, 2001.

[4] *The History of the Observatory*, G. Foderà and I. Chinnici, http://www.astropa.inaf.it/la-storia-dell-osservatorio/.

[5] "The Titius-Bode law and the discovery of Ceres", Helen Sawyer Hogg, *Journal of the Royal Astronomical Society of Canada*, 1948, 242.

[6] "Bode's law and the discovery of Ceres", Michael Hoskin, *Observatorio Astronomico di Palermo "Giuseppe S. Vaiana"*, 2007.

[7] # La fondazione della Specola e Giuseppe Piazzi, http://www.astropa.inaf.it/la-storia-dell-osservatorio/la-fondazione-della-specola-e-giuseppe-piazzi/.

[8] 柏拉图. 理想国. 董智慧，译. 北京：民主与建设出版社，2018.

9 夜空为什么是黑的?

[1] Olbers memorial, The State Office for the Preservation of Monuments in Bremen, https://www.denkmalpflege.bremen.de/wallanlagen/olbers-denkmal-51796.

[2] "Wondering in the dark", *Sky & Telescope Magazine*, December 2001, 44-50.

[3] 牛顿. 光学. 周岳明, 译. 北京: 北京大学出版社, 2007.

[4] 埃德加·爱伦·坡. 我发现了. 曹明伦, 译. 长沙: 湖南文艺出版社, 2019.

10 地球为何如此年轻?

[1] *The Annals of the World*, James Ussher, Master Books, 2007.

[2] James Thomson, *J. J. O'Connor and E. F. Robertson*, https://mathshistory.st-andrews.ac.uk/Biographies/Thomson_James/, 2015.

[3] *William Thomson (Lord Kelvin)*, J. J. O'Connor and E. F. Robertson, https://mathshistory.st-andrews.ac.uk/Biographies/Thomson/, 2003.

[4] *Lord Kelvin and the Age of the Earth*, Joe D. Burchfield, University of Chicago Press, 1990.

[5] *The Age of the Earth*, G. Brent Dalrymple, Standford University Press, 1991.

[6] *Rutherford: Being the Life and Letters of the Rt. Hon. Lord Rutherford, O.M.*, Arthur Stewart Eve, Cambridge University Press, 1939.

[7] 陈关荣. 开尔文, 一个说自己失败的成功科学家. 香港城市大学个人主页, https://www.ee.cityu.edu.hk/~gchen/pdf/Kelvin.pdf。

11 三体问题没有解

[1] "The solution of the n-body problem", F. Diacu, *The Mathematical Intelligencer*, 1996, 18, 3.

[2] 倪忆.《三体》故事, 源于一个价值千金的错误. 普林小虎队公众号, 2021.

12 寻找火星人的富商

[1] *Facts of Flagstaff*, https://www.flagstaffarizona.org/media/fast-facts/.

[2] "Mars and Utopia", Robert Crossley, *Imagining Mars: A Literary History*, Wesleyan University Press, 2011.

[3] *Is Mars Habitable?* Alfred Wallace, The Alfred Russel Wallace Page, Western Kentucky University.

[4] "Astronomy on Mars Hill", R. McKim, *Journal of the British Astronomical Society*, 1995, 105.

[5] Research at Lowell, https://lowell.edu/discover/our-research/.

13　火山还是陨星坑?

[1] "Biographical memoir: Grove Karl Gilbert 1843-1918", William M. Davis, *Memoirs of the National Academy of Sciences*, 1927, 21.

[2] "The moon's face: a study of the origin of its features", G. K. Gilbert, *Bulletin of the Philosophical Society of Washington*, 1895, 12.

[3] "Coon mountain and its crater", D.M. Barringer, *Proceedings of the Academy of Natural Sciences of Philadelphia*, 1906, 57.

[4] 陨星坑公司主页，https://barringercrater.com/the-crater。

14　银河系的尺度

[1] "Biographical Memoir of Heber Doust Curtis", Robert Aitken, *National Academy of Sciences of the United States of America Biographical Memoirs*, 1942.

[2] "Harlow Shapely 1885-1972: a biographical memoi", Bart J. Bok, *National Academy of Sciences*, 1978.

[3] "Obituary of Harlow Shapley", Z. Kopal, *Nature*, 1972, 240.

[4] "The scale of the universe", H. D. Curtis, *Bull. Nat. Res. Coun.*, 1921, 2, 171.

[5] "The scale of the universe", H. Shapley, *Bull. Nat. Res. Coun.*, 1921, 2, 194.

15　拒绝承认恒星的宿命

[1] "Arthur Stanley Eddington, 1882-1944", Henry Crozier Keating Plummer, *Obit. Not. Fell. R. Soc*, 1945, 5, 14.

[2] "On the radiative equilibrium of the stars, A. S. Eddington", *Monthly Notices of the Royal Astronomical Society*, 1916, 77.

[3] 卢昌海. 上下百亿年：太阳的故事. 北京：清华大学出版社，2015.

[4] "Arthur Stanley Eddington, 1882-1944", Henry Norris Russell, *Astrophysical Journal*, 1942, 101.

[5] 卡迈什瓦尔·C. 瓦利. 孤独的科学之路：钱德拉塞卡传. 何妙福，傅承

启，译.上海：上海科技教育出版社，2006.

[6] *Eddington: The Most Distinguished Astrophysicist of His Time*, Subrahmanyan Chandrasekhar, Cambridge University Press, 1983.

16　LOMO 工厂的光学失败

[1] "Lomos: new take on an old classic", Blenford, Adam, *BBC News*, 2007.

[2] "World's largest astronomical telescope", Cherkessk, 1978, https://pages. astronomy.ua.edu/keel/telescopes/bta.html.

[3] "Uncovering Soviet disasters: exploring the limits of glasnost", *James Oberg*, Random House, 1988.

[4] "New Eye for Giant Russian Telescope", Kelly Beatty, *Sky and Telescope*, 2012.

[5] "The EMCCD-based speckle interferometer of the BTA 6-m telescope: description and first results", Maksimov A. F., Balega Y., Dyachenko V. V., Malogolovets E. V., Rastegaev D. A. & Semernikov E. A., *Astrophysical Bulletin*, 2009, 64, 3.

17　宇宙的余晖

[1] "The answer to life, the universe and everything might be 73. Or 67", Devlin, Hannah, *The Guardian*, 2018.

[2] "The origin of chemical elements", R. A. Alpher, H. Bethe, G. Gamow, *Physical Review*, 1948, 73, 7.

[3] "Obituary: Robert Herman", Ralph A. Alpher, *Physics Today*, 1997, 50, 8.

[4] "Evolution of the universe", Ralph A. Alpher & Robert Herman, *Nature*, 1948, 162, 774.

[5] "Remarks on the evolution of the expanding universe", Ralph A. Alpher & Robert Herman, *Physical Review*, 1949, 75, 7.

[6] "Cosmic black-body radiation", R. H. Dicke, P. J. E. Peebles, P. G. Roll & D. T. Wilkinson, *Astrophysical Journal*, 1965, 142, 414.

[7] "A measurement of excess antenna temperature at 4080 Mc/s", A. A. Penzias & R. W. Wilson, *Astrophysical Journal*, 1965, 142, 419.

[8] "The last Big Bang man left standing", J. D'Agnese, *Discover*, 1999, http://discovermagazine.com/1999/jul/featbigbang.

[9] "Cosmology and Humanism", Ralph A. Alpher, *Humanism Today*, 2011, 3.

[10] "Ralph Alpher, 86, expert in work on the Big Bang, dies", John Noble Wilford, *New York Times*, 2007, https://www.nytimes.com/2007/08/18/

us/18alpher.html.

18　非主流的宇宙模型

[1]　*Dead of Night*, https://www.imdb.com/title/tt0037635/.

[2]　"Steady-state universe, Hoyle, Bondi & Gold", *Fred Hoyle: An Online Exhibition*, https://www.joh.cam.ac.uk/library/special_collections/hoyle/exhibition/bondi_and_gold.

[3]　"Note on the origin of the solar system", F. Hoyle, *Monthly Notices of the Royal Astronomical Society*, 1945, 105, 175.

[4]　*Diseases From Space*, F. Hoyle & C. Wickramasinghe, J.M. Dent., 1979.

[5]　"Fred Hoyle: the scientist whose rudeness cost him a Nobel prize", Robin McKie, *The Guardian*, 2010.

[6]　*Home is Where the Wind Blows: Chapters from a Cosmologist's Life*, F. Hoyle, University Science Books, 2015.

[7]　"Synthesis of the elements in stars", E. M. Burbidge, G. R. Burbidge, W. A. Fowler & F. Hoyle, *Reviews of Modern Physics*, 1957, 29, 547.

[8]　"Remembering Big Bang basher Fred Hoyle", John Horgan, *Scientific American*, 2020, https://blogs.scientificamerican.com/cross-check/remembering-big- bang-basher-fred-hoyle/.

19　误报引力波

[1]　"Observation of gravitational waves from a binary black hole merger", LIGO Scientific Collaboration and Virgo Collaboration, *Phys. Rev. Lett.*, 2016, 116.

[2]　*Joseph Weber (1919-2000)*, 2019, https://baas.aas.org/obituaries/joseph-weber-1919-2000/).

[3]　"A fleeting detection of gravitational waves", David Lindley, *Physics*, 2005, 16.

[4]　"Early History of Gravitational Wave Astronomy: The Weber Bar Antenna Development", Darrell J. Gretz, *History of Physics Newsletter*, 2018, 13.

20　第一颗太阳系外行星

[1]　*Interferometric Observations of Lunar Occulations and Pulsars*, Andrew G. Lyne, University of Manchester, 1970.

[2]　*Bernard Lovell (1913-2012)*, F. G. Smith, R. Davies & A. Lyne, *Nature*, 2012, 488, 592.

[3] *Pulsar Astronomy*, Andrew Lyne, Francis Graham-Smith & Benjamin Stappers, Cambridge University Press, 2022.

[4] "A planet orbiting the neutron star PSR1829-10", M. Bailes, A. G. Lyne & S. L.Shemar, *Nature*, 1991, 352, 311.

[5] "No planet orbiting PS R1829-10", M. Bailes & A. G. Lyne, *Nature*, 1992, 355, 213.

[6] "A planetary system around the millisecond pulsar PSR1257+12", A. Wolszczan & D.A. Frail, *Nature*, 1992, 355, 145.

[7] "A Jupiter-mass companion to a solar-type star", M. Mayor & D. Queloz, *Nature*, 1995, 378, 355.

[8] *NASA Exoplanet Archive*, 2023, https://exoplanetarchive.ipac.caltech.edu/.

21　保卫冥王星

[1] 尼尔·德格拉斯·泰森. 冥王星沉浮记. 郑永春，刘晗，译. 北京：外语教学与研究出版社，2019.

[2] *Associate Administrator for the Science Mission Directorate S. Alan Stern*, NASA, 2007, https://www.nasa.gov/about/highlights/stern_bio.html

[3] *New Horizons Launches on Voyage to Pluto and Beyond,* William Harwood, Space-Flight Now, 2006, https://spaceflightnow.com/atlas/av010/060119launch.html.

[4] *Unabashedly Onward to the Ninth Planet*, Alan Stern, 2006, http://pluto.jhuapl. edu/News-Center/PI-Perspectives.php?page=piPerspective_09_06_2006.

[5] *New Horizons: Current Position*, Johns Hopkins University Applied Physics Laboratory, 2018.

后 记

好莱坞喜剧演员杰瑞·宋飞曾经说："一本关于失败的书没能卖出去，证明这本书成功了吗？"

我恰好写了这本关于失败的书。用今天流行的话来说，它是垂直细分领域里天文学家失败的书。我当然关心这本书能不能卖出去，但我更关心的是，在这本书的写作过程中，我自己有了什么样的变化。

写作这本书的过程一点也不平静。我每写完一章，就通知编辑一次，以至于她怀疑我在微信对话窗口里写周报。后来编辑也习惯了，有一周我没有汇报，她反而不适应了。我这么做是因为内心希望自己可以喘口气，就好像打完一场硬仗之后的士兵渴望稍许休整，就算还不到论功行赏的时候，在战地吃一次猪肉炖粉条也行啊。

我也理解，编辑挺不容易。在选题还没有着落的时候，编辑是哲学家，痛苦地生活在人类的莽莽叹息上。在联系到作者之后，编辑是职业鼓励师，仿佛作者的每一个字都有可能幻化成"10 万 +"。在作者创作的过程中，编辑宛如在钢丝绳上行走的杂技演员，仔细拿捏催稿和安慰之间的微妙平衡。拿到初稿之后，编辑成了一位慈祥的老母亲，要给这个由文字组成的"孩子"喂奶，洗澡，陪学习。付印之后，编辑又成了经纪人，安排各种活动，见各种人。在整个过程中，编辑的角色多次转换，心情七上八下，只是为了做出一本像点样的书，像样之后最好还能让大家都知道，大家都知道之后最好还能多买一些，买了之后最好还能去某瓣上写个好评，好评多了之后最好还能把版权输出海外……想多了，想多了。我也想让大家都知道这本书，因为这本书的写作过程，让我自己也受益良多。

在写作这些故事的过程中，我一次又一次重新认识了一些早就知道名字的人物。哥白尼、伽利略、庞加莱……我从小听着科普书里的这些名字长大，又被大学教材里的这些名字折磨，但我发现，我并没有真的认识他们。他们在最辉煌的时候，心里放不下的目标是什么？他们在彻底失败的时候，又会想起什么？他们对自己的失败充满遗憾吗？他们怎样看待自己的一生？我从来没有深入研究过这些问题，只是记住了用他们的名字命名的定理和公式。他们的角色只是为我的知识提供可靠的素材，我认识的是一群没有生命气息的工具人。

作为一本非虚构的科普书，我不能妄自揣度人物的内心世界，更不能把我自己的情绪套在他们的头上。所以，我尽可能让自己离他们近一点，再近一点，帮助你从最近的距离看看他们。这个过程有时候快乐，有时候也痛苦。

写西芒托学院那一章的时候，我连续几个晚上做噩梦，梦见自己飘荡在中世纪的佛罗伦萨，撞见美第奇家族的卫兵就惊醒了。重新睡去，梦见自己真切地看到皮蒂宫的砖墙，触摸到伽利略和西芒托学院的成员触摸过的温度，睡梦中竟然笑出声来。写完这章之后，我就再也没有做过这样的梦了。写勒让蒂那章的时候，我觉得自己快要窒息了。那种感觉就像整个身体泡在印度洋的波涛中，海水没过我的头顶，四周没有陆地和岛屿，也没有任何过往船只。我根本不会游泳，自顾自感受着孤独和绝望。我强迫自己从孤独和绝望中挣脱出来，为勒让蒂写下失败中隐藏着的成就。勒让蒂的两位好朋友点亮了他绝望的航程，也点亮了我的写作时光。写韦伯的时候，写到最后，我甚至有些羡慕这样的失败。我羡慕他在二战中和死亡擦肩而过的传奇，羡慕他为了兴趣更改方向的决心，羡慕他在别人只敢说说的情况下动手去做的勇气，羡慕他遭遇的负面结果。眼前的技术失败了，一转身，有家人，有学生，有记得自己的后生晚辈。我所认识的天文学家，都是面对失败的勇士。

　　我们爱着这些人物，并不是因为他们一直保持成功与正确，而是因为他们在寻找自然真相的道路上真诚地哭哭笑笑。至于成功、知名、受封和获奖，只是这场探寻之路上的过往景色。而失败与错误，就像旅途之中的颠簸与泥泞。没有颠簸与泥泞的道路缺少了太多的风情。我认识的天文学家，也都是风雨兼程的仰望者。

　　有些错误，通过谦卑的内心、勤奋的工作和智慧的探索，还有机会改正。但是，我还写到了好多位天文学家，他们直到生命结束的那一刻，也没能摆脱失败的泥泞。他们的人生意义何在？勒让蒂再也没有机会重新观测一次金星凌日，勒威耶一辈子也没能找到他的祝融星，阿尔弗与赫尔曼没能等来本属于自己的诺贝尔物理学奖，韦伯不被世人信任后摔倒在实验室外的雪地上……他们不值得被科学史铭记吗？

他们当然值得被铭记。丘吉尔说得好，在失败中跌跌撞撞而不失热情，这就叫成功。某一位天文学家的某一次尝试可能失败，但一代又一代天文学家在星空下接力前行，充满热切，这就是天文学领域的成功。他们值得被铭记，因为他们彼此之间真诚地互动，形成一个天文学家的知识群体，这个群体经营着一张不大不小的人力网络。新思想和新发现都在这张网络上流动。麻省理工学院教授彭特兰是可穿戴计算机之父，他提出：一个群体的共同智力与单个成员的智力无关，而与成员之间的互动有关。要构建群体的共同智力，就需要成员之间的思想交流。天文学家就是热衷思想交流的群体。通过交流，错误被甄别，误解被澄清，新的可能性被关注，竞争与合作都成为可能。我所认识的天文学家，也是喜欢表达和倾听的大师。

一本关于失败的书能不能成功售出挺重要的，但更重要的是，我重新认识了这些"擅长"失败的人。

高爽

于北京未来科学城

2023 年 4 月